과 자 와 함 께 6 0 년
대한민국제과명장

권 상 범

RICHEMONT

KONDITOREI UND BÄCKEREI
MASTERHANDS
SINCE 1979

KWON
SANGBUM

과 자 와 함 께 6 0 년
대한민국제과명장 **권 상 범**

BnCworld

제과 인생 60년을 돌아보며

　나에겐 아버지에 대한 기록이 단 한 줄도 남아있지 않다. 족보와 가족관계증명서에 출몰연대도 없이 함자(銜字)만 남아있을 뿐이다. 나보다 더 어려운 시기를 살면서 터득했을 삶의 교훈이나 생존방식 같은 것도 단 한 마디 전해진 바 없고, 손으로 쓰신 메모 한 줄도 찾아볼 수 없다는 것이 내가 일생을 사는 동안 힘들 때, 아무도 없이 나 혼자 내동댕이쳐진 느낌이 들 때, 나를 얼마나 헛헛하고 외롭게 했는지 모른다. 이것이 내가 내 이야기를 책으로 남기고자 한 첫 번째 이유이다.

　두 번째 이유는 빵, 과자를 빼놓고 이야기할 수 없는 내 제과인생 60년을 한 번 정리해 보고 싶다는 마음에서 비롯됐다. 그 사이 단편적으로 여기저기 언론들에 내 이야기를 흘린 적은 있으나 내 인생 전부를 돌아보고 정리 해 본 적은 없었다. 그리 내세울 것 없는 인생이지만 나름 평생을 한눈팔지 않고 한길을 걸어왔으니 그 길은 어땠는지 크게 잘못한 일은 없었는지, 나 스스로 돌아보고 남에게 보여도 떳떳한 인생이었는지 다시 한 번 들여다보고 싶었다.

세 번째 이유는 내가 공부하고 일해 온 그 시대의 빵, 과자는 어떠했고, 업계 형편은 어땠는지, 나는 이렇게 공부했고 헤쳐 나왔으니 후대에 혹시 한 사람이라도 더 깊이 있게 전통적인 과자를 연구할 사람이 있다면, 나보다 더 뛰어난 방식으로 제과업을 이어갈 사람에게 도움이 될 수 있다면, 그 사람에게 힘이 되는 자료를 한 줄이라도 더 남겨주고 싶은 마음에서 오래되고 단편적인 정보들이지만 아낌없이 공개하고 싶었다.

마지막으로 나는 학식도 없고 배경도 없는 그런 환경에서 정말 많은 분들의 도움으로 기술을 배우고 익혔으며, 그것을 밑천 삼아 삶을 영위하고 어느 정도의 명예와 부도 이루었다고 생각한다. 그동안 내게 베풀어진 모든 은혜에 감사도 제대로 표하지 못한 것 같아 죄송하고, 내 가족을 비롯해 나를 도와 함께 일해 준 선후배와 친구, 친지 등 어느 한 분에게라도 상처를 주었을까 두렵다. 이 모든 분들께, 그리고 리치몬드를 사랑하고 아껴주신 그 많은 고객님들께 깊은 감사와 사과를 동시에 드릴 수 있다면 이 책을 통해 그렇게 할 수 있기를 간절히 바라는 마음이다.

모두 모두 감사하고 미안하고 또 감사했습니다.

권 상 범 올림

목차

1부 ————
나의 제과 인생

2부
리치몬드를 빛낸 제품들

3부
시대를 정리한 노트들

1부

—

나의 제과 인생

남북분단이 앗아간 아버지

"이 아이는 영영 걷지 못할 수도 있습니다."

청천벽력 같은 선고였다. 남편을 잃은 지 몇 달도 안 돼 아들마저 다리를 못 쓸 수도 있다니…. 살아생전 어머니는 그날만 생각하면 지금도 다리의 힘이 쭉 빠진다고 하셨다.

나는 해방둥이다. 우리나라가 일제로부터 해방되기 일주일 전인 1945년 8월 8일에 태어났다. 아버지는 해방 직후부터 텅스텐광산으로 유명한 영월 상동광산 소속 병원에서 원무를 보셨고, 그보다 7살 아래인 어머니는 22살에 시집와 나와 동생 영옥이를 낳고 남부럽지 않은 단란한 신혼살림을 하고 계셨다.

그러나 그 안온했던 시절은 오래가지 않았다. 내가 여섯 살 되던 해인 1950년 봄, 막 봄꽃이 봉오리를 터트리려던 3월의 끝자락에 아버지는 무참한 죽음을 맞이했다. 빨치산 한 사람이 국군 복장으로 병원을 찾아와 치료를 받고 갔다는 정보가 군 당국에 전해지면서 그 병원 의사를 비롯한 직원 32명 전원이 끌려가 처형을 당한 것이다. 그리고 거기에 29세의 정(正)자 수(秀)자를 쓰시던 우리 아버지도 포함돼 있었다.

혼비백산한 어머니는 아버지 장례는커녕 시신도 수습하지 못한 채 나와 동생을 데리고 황급히 봉화에 있는 시집으로 피신을 하셨다. 어머니는 돌아가실 때까지도 그날 어떻게 상동에서 봉화까지 갔는지 기억하지 못하셨다. 얼마나 놀랐으면 75km가 넘는 험한 길을 어떻게 갔는지 기억을 못 하실까?

아버지가 돌아가시고 3개월 만에 6·25가 터졌다. 내 고향 봉화는 낙동강 발원지이다. 낙동강까지 밀고 내려온 북한군을 피해 어머니는 나와 내 동생을 데리고 다시 한 번 친정이 있는 안동군 예안면 서촌까지 피난을 떠나야 했다. 어머니는 이때 셋째를 임신 중이었지만 돌이 막 지난 여동생을 업고 보따리를 머리에 인 채 걸어야 했다. 나도 당연히 괴나리봇짐을 메고 걷고 또 걸을 수밖에 없었다. 여섯 살이었고 날은 무척 뜨거웠다.

봉화군 내성면 석평리 선돌마을에서 안동 외가까지는 백리가 넘는 거리다. 지금 내 비게이션으로 검색해도 44km쯤이라고 나오고, 자전거로도 3시간이 넘게 걸린다고 나온다. 그때는 도로포장도 안 돼 있었고 험난한 산길, 자갈 깔린 시골길뿐이었으니 7월의 땡볕이 하루 종일 얼마나 뜨거웠을까? 외가에 도착했을 때 나는 내 다리가 그냥 너덜너덜 다 해어진 것만 같았다.

의사는 절망적인 진단을 내렸고, 나는 일어서지도 못 하고 한 달여를 누워서, 기어 다니면서 지냈다. 다행히 한 달 후부터는 다리 근육이 제자리를 찾고 살이 붙으면서 조금씩 걸을 수 있게 되었다. 뼈도 이상 없고 그대로 낫는 듯 했으나 몇 달 지나 이번에는 다리 곳곳이 가려웠고 긁기라도 하면 살갗이 터지면서 고름이 나왔다. 깜짝 놀란 어머니는 백방으로 수소문해 이 병이 일종의 순환장애인 주마담(走馬痰)이라는 병임을 알아내고, 의약품도 변변히 없던 시절에 한약방의 도움을 받아 끝끝내 아들을 치료해내셨다.

그러는 사이 어머니는 돌아가신 아버지가 미처 임신한 사실도 몰랐던 셋째 귀형을 낳으셨고, 우리 네 식구는 한 해를 넘긴 이듬해 초 북한군이 물러간 봉화 고향으로 돌아갔다.

가문(家門)과 가난밖에는 없었다

나에게 아버지는 희미한 한 장면, 손을 잡고 함께 개울을 건너던 기억만으로 존재한다. 몇 살 때인지 어느 동네 개울인지도 모르지만 산골이라 개울은 여기저기에 있었다. 70가구쯤 되는 안동 권씨 집성촌이 내 고향 봉화 선돌마을이다. 후에 내성면 석평리로 주소가 바뀌었지만 강한 유교적 전통이 있었고 서당도 있었다. 아마 이 기억은 아버지가 할아버지의 뜻에 따라 나를 잠시 할아버지께 맡기러 왔었을 때가 아닌가 추측된다.

나는 우리 집안의 유일한 손자였다. 큰 집안의 종손은 아니지만 5형제 중 3남인 종(鐘)자 만(萬)자 쓰시는 우리 할아버지에게서 우리 아버지가 태어났고, 그 아버지의 유일한 아들이 나였기 때문에 할아버지의 관심은 각별하였다. 사랑이라 쓰지 않고 관심이라 표현하는 이유는 사랑을 받은 살뜰한 기억이 별로 없기 때문이다. 그 당시의 집안 할아버지들은 대개 아프거나 무섭거나 둘 중 하나였다.

우리 할아버지께서는 아프신 가운데에서도 나에게 대여섯 살 때부터 글공부를 시키셨다. 자랑 같지만 재종숙부(7촌) 되시는 권정선 옹은 현재에도 그분의 집과 서당이 경상북도 문화재로 지정돼 관리될 정도로 유명한 유학자셨다. 안동 외가에서 돌아온 후로는 이분이 운영하는 서당에서 천자문, 계몽편, 동몽선습, 명심보감 등을 공부했다.

안동의 외할아버지도 유학자이셨고, 일제에 항거한 독립투사셨다. 2005년 2월 3일 자로 정부로부터 독립유공자로 인증받은 신옹숙 씨의 넷째 딸이 우리 어머니이시다. 북한군을 피해 안동 외가댁에 피난해 있을 때 외할아버지께서는 중풍으로 오랫동안 거동을 못 하는 상태였다. 어머니 입장에서는 시댁이나 친정이나 어느 곳 하나 기댈 곳 없었고 자식 셋을 데리고 홀로 고된 삶을 이어가야 했다.

어머니도 가문의 혜택을 받아 그 당시 여성으로서는 드물게 글공부는 하였으나 그 이상의 경제 능력은 없으셨다. 하지만 입에 풀칠이라도 하려면 일을 해야 했다. 할 수 있는 일이라고는 동네 허드렛일이나 편지 대필이 전부였다. 그때는 글을 읽고 쓸 줄 아는 사람이 많지 않아 어머니가 동네사람들의 편지를 대신 써주면 양식이나 고구마 등이 대가로 주어졌는데 그것이 우리들의 끼니가 되기도 했다. 어머니는 내가 초등학교를 졸업한 이후에는 과감하게 시가를 떠나 일감을 얻기 쉬운 봉화읍으로 이사를 했고, 거기서 삯바느질과 편지 대필 등을 해가며 우리 셋을 키우셨다.

* 국가민속문화재 제249호로 지정된 재종숙부의 고택.
  이 서당에서 5살 때부터 한자 교육을 받았다.

　　어머니가 외가에서 글을 배웠듯 우리도 어려서부터 글을 배워야 했다. 모두가 가난
하던 시절, 우리가 집안에서 물려받은 유산이라고는 가문의 가풍에 따라 한문을 교육받
는 정도였다. 하지만 이 어린 시절의 한문 교육과 유교적 가풍은 훗날 내가 세상을 사는
데 아주 중요한 자산이 되었다.

초등학생 나무꾼

8살이 되면서 봉화초등학교에 입학했다. 내가 입학할 당시만 해도 봉화초등학교는 전교생이 2천 명에 달할 정도로 큰 학교였다. 아버지가 이 학교 20회 입학생이었고 나는 43회이다. 보통 아이들에게는 초등학교 입학이 새로운 학창생활을 뜻하지만 나에겐 또 다른 의무가 하나 더 주어졌다. 우리 집의 땔감은 내가 책임져야 했다. 먹을 것과 땔감만 있으면 살 수 있었던 시기였던 만큼 땔감 확보는 아주 중요했다. 연탄도 기름도 없던 시절, 땔감을 구하려면 아무리 어린 나이라도 산에 올라야 했다.

동네 어른들은 8살짜리가 지기 알맞은 크기의 지게를 만들어 주셨다. 학교가 끝나면 매일 지게를 지고 산에 올라가 나무를 했다. 나뭇가지를 자르거나 줍고, 풀을 베고 낙엽을 긁어모아 지게에 가득 지고 산을 내려와 집까지 가다 보면 어둑어둑 어두워질 때도 많았다. 집에서 나무를 할 수 있는 산까지는 1~2km가 족히 되었고, 닳아빠진 고무신을 신고 험한 산을 오르내리는 일은 8살짜리 어린아이가 하기 쉬운 일이 아니었으나 가족을 위한다는 마음으로 묵묵히 해냈다.

나무를 해 지게에 올리면 그 무게에 눌려 일어서기도 힘들었고, 비척비척 걷다 보면 내 모습은 짐에 가려 보이지도 않았지만, 나는 지게를 지고 가는 거리를 미리 정해두고 쉬었다. 어디쯤 가서 쉬겠다고 마음먹으면 지게가 아무리 무거워도 꾹 참고 거기까지 간다음 쉬었다. 초등학교를 졸업한 후에는 산에서 땔감을 지고 내려와 서당에서 공부를 한후 다시 짐을 지고 10리 길을 걸어야 집에 갈 수 있었다.

초등학교 시절의 추억은 그리 많지 않다. 이미 한문 공부를 상당히 하고 들어갔기 때문에 공부는 많이 힘들지 않았으나 학교가 끝나면 바로 땔감을 하러 갔던 집안 형편상다른 아이들과 어울려 놀아본 기억이 별로 없다. 한 가지 특이한 것은 초등학교 때부터'돈을 벌려면 장사를 해야 한다.'는 생각을 계속했던 것 같다. 주산반에 들어가 주산을 열심히 배운 이유도 나중에 장사할 때 써먹기 위함이었다. 어머니가 하시는 일이나 땔감을마련하는 것 정도로는 돈을 벌 수 없다는 것을 어린 나이에 이미 알았다. 지금 생각하면스스로 신통하다는 생각이 든다.

나는 초등학교에 입학하고서부터 매일 일기를 썼다. 어떤 계기로 일기를 쓰기 시작했는지 분명치 않다. 학교 선생님이 일기 쓰기를 가르쳤는지 옛 성현들이 매일 일기를써 자신을 돌아보고 수양했다는 것을 서당에서 배웠는지 모르겠지만 하루도 빠짐없이일기를 썼다. 이 습관은 나중에 어른이 되어 동경제과학교에 유학할 때까지 계속됐는데,유학 당시는 일기보다 그날 배운 것 정리하기, 금전출납부 작성, 빨래하기 등 해야 할 일

* 나는 초등학교 때부터 매일 일기를 썼다. 기록은 나의 성실함과 함께 또 하나의 힘이 됐다.
  내가 그동안 정리해 온 기술관련 노트와 메모들

이 너무 많아 중단했다.

　하지만 기술인 생활을 할 때나 내 사업을 할 때는 아무리 바빠도 금전출납부 기록과 필요한 메모만큼은 절대로 소홀히 하지 않았다. 그것은 어릴 때부터 집안 어른들이 '버는 건 몰라도 쓰는 건 알아야 한다'는 충고를 해주셨기 때문이다. 버는 것도 중요하지만 어떻게 쓰는지가 중요하고, 함부로 쓰지 말라는 교훈이라고 생각하고 평생 그걸 지키려 애써왔다. 그 덕택에 일기 쓰기와 노트 정리, 금전출납부 기록, 메모 습관 등은 평생 동안 내가 살아가고 발전하는 데 아주 중요한 '기록의 힘'이 되어주었다.

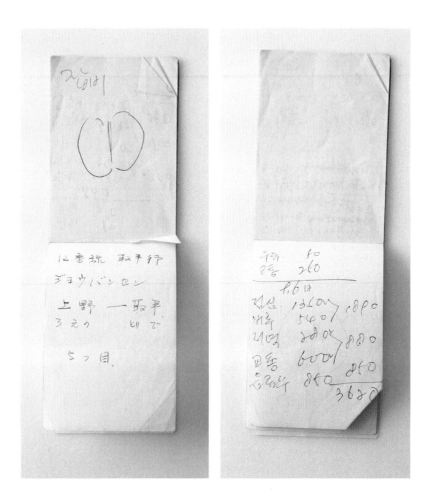

* 동경제과학교 유학시절 통학 교통과 금전출납을 적은 메모

이렇게 맛있는 게 있다니…

내가 처음 단팥빵을 먹었을 때의 감동은 거의 환희에 가깝다. '세상에 이렇게 맛있는 게 있다니….' 어쩌다 어머니를 따라 영주시장 같은 데를 가면 그저 군침 흘리며 보기만 했던 빵이라는 것을 초등학교 3학년인가 4학년 때 의성 큰 외숙 댁에 가서 처음으로 먹어보았다. 외숙모가 집 모퉁이를 개조해 제과점을 하고 있었는데, 방학을 맞아 다니러 간 우리에게 단팥빵을 맛보여 주신 것이다. 그 이후로 방학이 되면 은근히 의성에 가지 않나 기대하게 되고, 가게 되면 잔심부름도 하고 일도 거들면서 그 맛있는 빵을 다시 맛보는 즐거움을 누리곤 했다.

빵과의 인연은 이렇게 시작됐지만 그것이 나의 천직이 되는 날도 의외로 빨리 다가왔다. 어떻게든 중학교는 보내주겠다고 입버릇처럼 말씀하시던 어머니가 초등학교를 졸업할 즈음해서는 형편상 도저히 보낼 수 없을 것 같다는 말씀을 하셨다. 집안 형편을 잘 아는 나로서도 어쩔 수 없이 따를 수밖에 없었다. 그래도 그대로 주저앉을 수는 없어 서당에 다니며 한문 공부도 하고 농사일을 돕거나 땔감도 마련하면서 미래에 대한 준비를 했다.

그 당시에는 독학하는 학생들을 위한 학습지 같은 강의록이 있었는데 이것을 신청해 영어 공부도 했다. 강의록을 통해 공부한 것을 시험을 봐 보내면 그것을 채점해 다시 우편으로 보내주는, 한없이 느린 방식의 공부였지만 이때 한 영어 공부 또한 나에겐 큰 재산이 되었다.

그러던 중, 의성 큰 외숙 댁에 근무하던 제과점 기술자가 군대에 가게 되었다. 일할 사람이 필요했던 외숙모가 나에게 의향을 물어왔고, 나는 두말없이 의성으로 향했다. 이것이 1960년 10월, 열여섯의 나이로 제과점에 처음 입문하게 된 계기였고, 그곳이 바로 외숙모가 운영하던 의성 옥천당이었다. 외숙모님이 운영하던 제과점은 옥천당이라는 간판을 걸고는 있었지만 그 규모는 정말 조촐했다. 외숙모님과 나 단둘이 근무하는 제과점이었고, 식빵 반죽 하나로 단팥빵과 크림빵, 소보루빵을 만들었다. 거친 스펀지 반죽에 팥앙금을 발라 둥글게 만 것을 앙롤이란 이름으로 팔았는데 지금으로 치면 롤케이크였다. 객석이 있어 차도 팔았다. 접객은 물론 외숙모님의 몫이었다.

빵 반죽은 모두 손으로 했고, 시설이라고는 장작 가마 하나밖에 없었다. 지금 회상하면 그 장작 가마가 빵을 굽는 가장 원시적인 형태의 가마였던 것 같다. 아궁이보다 조금 발전된 수준의 가마였는데, 둥근 돔 형태의 가마 안쪽 가장자리 양옆에 장작불을 넣고 그 안쪽 두 곳을 벽돌로 윗부분이 터지게 쌓고, 그 사이에 빵 반죽을 넣어 굽는 이집트나

* 고대 이집트의 오븐과 비슷했던 우리나라 초기의 돔형 오븐

로마시대의 가마와 별 차이가 없는 가마였다.

　빵을 굽는 방식은 먼저 가마에 장작불을 피워 불을 땐 다음 불이 꺼지면 남은 숯을 이용해 윗불, 밑불 맞춰가며 굽는 방식이어서 처음 빵 일을 시작한 나에게는 쉬운 일이 아니었다. 그때는 발효실이라는 개념 자체가 없을 때여서 빵 발효는 자연발효 될 때까지 그대로 방치하는 수준이었는데, 여름이나 따뜻할 때는 그냥 가능했지만 추울 때는 온도를 맞추기 위해 빵 반죽을 끌어안고 자기도 했다. 하지만 난 여기서 빵 반죽도 하고 앙금도 쑤고 롤케이크도 만들어 보면서 그 당시 기술인들이 알아야 할 가장 기본적인 기능들을 경험하게 된다.

　1년을 근무하는 동안 군대에 간 전 기술자가 휴가 때 짬을 내 가르쳐주기도 하고, 가끔 대구에 있던 기술인이 와서 도와주기도 했다. 하지만 어린 마음에도 '이렇게 배워서는 제대로 된 기술을 배울 수 있겠나?' 하는 의구심이 강하게 들었다. 그래서 '대구 같은 큰 도회지로 나가야겠다. 부모님이 물려주신 신체와 지게 지고 산길을 오르내리며 다져진 체력이 있으니 건강 하나 믿고 해보자.'는 결심으로 대구로 향했다.

알을 깨고 새장 밖으로 나오다

1961년 10월 어느 날, 나는 드디어 가족과 일가친척의 울타리를 벗어나 새장 밖으로 나왔다. 봉화나 의성과는 비교도 안 될 정도로 큰 대구, 아무런 연고도 없이 불쑥 찾아 간 대구에서 다행히 일자리를 얻은 곳이 광월당이었다. 대구 광월당은 공장장도 없이 주인이 직원 두 명을 데리고 빵을 만들어 파는 곳이었다. 마침 공석이 생겨 일손이 부족했던지 쉽게 취업이 되었지만 작업 환경은 매우 열악했다. 연탄 가마를 사용하고 있었는데 1년 내내 연탄불을 꺼뜨리지 않는 것이 가장 중요한 일이었고 그것이 내가 맡은 처음 일이기도 했다. 연탄 갈 때를 놓치거나 불길이 약해지면 불 같은 꾸지람을 들었다.

연탄 가마는 장작 가마와 달리 가마 밑에서 불을 때 뜨거워진 철판 위에서 빵을 굽는 방식이어서 장작 가마보다는 간편했으나 연탄 화덕이 무겁고 불길을 조절하는 일이 어려웠다. 작업장 안은 연탄을 사용하면서 생기는 시커먼 먼지와 연탄재 등으로 매우 더러웠다. 나는 작업이 끝나면 이렇게 더러워진 작업장과 가마, 작업 도구들을 윤이 나도록 반짝반짝 닦아놨는데 이 점이 마음에 들었던지 주인은 처음부터 나를 칭찬해 주었다.

광월당은 장사가 꽤 되는 편이어서 매장에 점원이 두 명이나 있었고, 나중에는 노씨

성을 가진 공장장이 서울에서 내려와 자리를 잡았다. 하지만 그 당시 기술인들은 후배들에게 뭘 가르쳐주거나 하는 일은 없었다. 그저 시키는 일이나 하라는 식이었고, 급료 같은 것도 밥이나 먹여주면 된다는 정도였다. 1년가량 근무하면서 보니 대구 제과점들은 거의 모든 공장장급 기술자들을 서울에서 데려와 쓰고 있었다. 그렇다면 대구도 아니었다. 제대로 된 기술을 배우려면 서울로 가야 했다. 배움의 길은 그렇게 멀리 있었다.

1962년 11월, 단돈 2천 원과 조그만 보따리를 하나 들고 무작정 상경을 감행했다. 어머니께는 전화로 서울 간다고만 알리고 밤 열차를 탔다. 홀로 고생하시는 어머니 가까이에라도 있어야 하지 않을까 하는 생각에 마음이 아팠으나 이런저런 이야기를 하다 보면 마음이 약해질까 봐 그냥 통보만 드리고 떠나왔다. 새벽에 내린 서울은 상상했던 것보다 훨씬 크고 번잡하고 어수선했다. '눈 감으면 코 베어가는 서울'이라는 말을 많이 들어온 터라 바짝 긴장은 되었지만 단단히 옷깃을 여미고 나보다 일찍 서울에 올라온 친구 두어 명의 주소를 들고 일자리를 찾아다녔다.

잠자리가 없어 여인숙에 묵으며 지리를 몰라 버스는 물론 택시까지 타고 돌아다니다 보니 가진 돈 2천 원이 금세 바닥나고 말았다. 돈도 떨어지고 마음이 다급해질 무렵 천만다행으로 대구에서 알게 된 친구 이영달이 배씨 앙금집 사장님을 소개해 줬다. 배 사장님은 여기저기 일손이 필요한 집을 수소문하더니 종로 5가에 있던 성림제과에 자리가 났다고 가보라고 했다. 나는 그때 이미 2년 정도의 제과 경력이 있었고, 일자리를 얻는 데 큰 행운이 따랐는지 성림제과에 쉽게 취업이 되었다. 그러나 대구와 서울 두 곳에서 쉽게 얻은 일자리로 인해 나는 다시는 겪고 싶지 않은, 가장 고통스런 경험을 하게 된다.

노숙까지 하면서 얻은 교훈

성림제과는 그 집의 행랑채였는지 주차장이었는지 분명치 않지만 가정집 별채를 개조해 제과점으로 쓰고 있었다. 11월이었으니 겨울이 시작되는 시점이었고, 크리스마스 준비를 위해 직원을 충당한 것 같았다. 연탄 가마라 작업 환경도 좋지 않았지만 잘 곳도 없어 일이 끝나면 오븐 위에서 자야 했다. 자고 일어나면 오븐 틈새로 새어 나온 열기 때문에 무릎이나 종아리 같은 데에 물집이 방울방울 생기기도 했다.

더욱더 힘들었던 것은 욕설과 위협이 난무하던 공장 분위기였다. 공장장까지 3명이 일하던 조그만 작업장 안에서 툭하면 평안도 사투리의 거친 욕설이 튀어나오고, 별것도 아닌 일에 신체적 위협이 가해지던 공포 분위기 속에서 참고 지내야 했다. 달리 지낼 곳도 없었고, 대부분의 하급 노동자들이 인간 대접을 받지 못하던 시절이기도 했지만 그렇게 참았던 이유는 기술을 하나라도 더 배우려는 욕심 때문이었다. 그런데 김ㅇ식 씨라고 기억되는 그 공장장은 기술은 가르쳐주지 않으면서 달달 볶고 매사 트집을 잡기 일쑤였다.

고된 크리스마스와 신년을 보내고도 별 희망이 없다는 걸 알게 된 나는 이듬해 2월 1일 공장장에게 2월 15일까지만 근무하겠으니 다른 사람을 구하라고 이야기했다. 그리고 아무 대책 없이 2월 16일 가방 하나만을 들고 성림제과를 나왔다. 유난히도 추웠던 겨울이었고, 갈 곳도 없었지만 대구에서나 서울에서나 3, 4일 만에 일자리를 구했던 경험이 있었기에 호기롭게 그 집을 나올 수 있었다.

하지만 세상은 그렇게 호락호락하지 않았다. 처음 2,3일은 여인숙 잠을 자가며 일자리를 알아봤지만 사람을 구하는 곳이 없었다. 할 수 없이 서울역 뒤 만리동 산동네에 살던 집안 형님 댁에 며칠 잠만 자겠다고 부탁하고 돌아다녔지만 헛수고였다. 저녁도 먹지 못한 채 돌아다니다 형님 댁에 들어와서는 밥을 먹었다고 하고 잠만 자고 나가기를 1주일. 그러나 일자리를 구할 수 없었다.

계속 있기에는 눈치가 보여 나는 하는 수 없이 다시 가방을 들고 형님 댁을 나왔다. 친구가 근무하고 있던 공장에 짐을 맡기고, 낮엔 일자리를 찾아 돌아다니다가 밤에는 친구 공장에 끼어 잤다. 그러던 어느 날, 주인에게 발각돼 그 공장에도 들어가 잘 수 없게 되었고 통행금지를 피해 갈 곳은 가까운 청계천 다리 밑밖에 없었다.

그 당시 청계천 다리 밑에는 넝마주이나 거지들이 움막을 치고 살고 있었다. 가까이 가기에도 무서웠던 그곳에 살금살금 다가가 밖에 널려 있던 가마니 한 장을 덮고 밤새

오들오들 떨면서 뜬눈으로 새웠다. 내 인생에 아무리 힘들었던 날도 그날만큼 고통스럽지는 않았으리라.

그다음 날 동이 트자마자 나는 청계천 다리 밑에서 멀지 않은, 그래도 규모가 큰한 제과점을 무조건 찾아갔다. 마침 아침 청소를 지휘하고 있던, 지위가 있어 보이는분을 붙잡고 나는 내 진심을 다해 사정했다. 청소부라도 좋으니 일만 하게 해달라고. 사정이 딱했던지 그분은 이것저것 물어보시고 자리가 있는지 상의해 볼 테니 오후 2시에 다시 오라고 했다. 그분은 풍년제과에 지배인으로 계시던 박기홍 씨였고, 나는오후 2시가 되기도 전에 그곳에 가 기다리다 일자리를 얻었다. 청소부가 아닌 제과점보조 인력으로.

그날 이후 나는 '어떤 일이 있어도 다음 직장이 정해지기 전에 미리 직장을 그만두지않는다.'는 내 인생의 첫 번째 철칙을 세우게 된다. 얼마나 힘들었으면 그런 철칙을 다세웠을까? 무임승차라도 해서 다시 봉화에 내려갈까도 생각했지만 도저히 자존심이 허락지 않아 끝까지 버텨낸 것이 다행이었다.

그 보름 동안 나는 세상이 호락호락하지 않음을 배웠고, 잠자리 하나도 얼마나 감사한 것인가를 체험했고, 직업의 소중함도 알게 되었다. 그리고 그 시기에 들었던 "10년은 배워야 제대로 된 기술자가 될 수 있다."는 조언을 가슴에 새기고, '기술 배우는 데 10년, 공장장 10년, 내 가게 운영 10년'만큼은 정말 열심히 노력하자는 결심을 다졌다.

풍년제과에 새 둥지를 틀다

　1963년 3월 2일, 나는 풍년제과에 입사했다. 풍년제과는 나에게 있어 진정한 의미의 제과 인생이 시작된 곳이다. 풍년제과는 그 당시 서울에서 가장 번화했던 명동과 종로 사이 광교 조흥은행 본점 건너편 경성방직 옆 코너 자리에 있었다. 금융가였고 사람도 많았다. 서울에서도 선두 그룹이었던 풍년제과는 6·25때 부산국제시장 옆에서 창업한 제과점으로 1953년 2월에 국내에서는 최초로 홍콩에서 제빵용 강력분 20톤을 정식 수입해 사용함으로써 고급제과점이라는 이미지가 부각돼 있었다.

　또 1953년에 100:1의 화폐 개혁이 있었을 때도 유일하게 구화폐를 받아 큰돈을 벌면서 선호석 사장님의 사업 수완이 화제가 될 정도로 유명한 제과점이었다. 그러다 보니 손님도 많았고 일도 많았다. 결혼 답례품이 관례화되어 있던 시기여서 카스텔라나 모찌 같은 선물용 제품 주문도 많았다. 특히, 풍년제과는 떡집도 같이 하고 있었는데 떡 주문이 많은 날에는 제과점 직원들도 불려가 떡 만드는 일을 도와야 했다.

　월 2천 원의 봉급을 받기로 하고 입사한 첫 달에 나에게 주어진 일은 앙금을 쑤고 빵크림을 만드는 일과 청소, 설거지 등의 잡일이었다. 거기다 수시로 떡집에 불려가 떡도 만들어야 했는데 3일 동안 한숨도 자지 못하고 일한 적도 있다. 그래도 일할 수 있다는 게 행복했다. 그렇게 하루에 3~4시간씩 자가며 정신없이 일하다보니 한 달이 훌쩍 지나갔다. 봉급날 지배인님은 열심히 잘했다고 칭찬하며 처음 약정보다 많은 3천 원을 주셨다.

정말 오랜만에 봉급다운 봉급을 받아든 나는 청계천 중고 가게를 찾아가 어머니께 보내드릴 전기다리미를 제일 먼저 샀다. 그때까지 어머니는 전기다리미 없이 화로식 다리미로 삯바느질 일을 하고 계셨다. 그리고 약정액보다 더 받은 나머지 1천 원은 전부 동료들과 술 마시는 데 썼다. 그날 이후로 풍년제과 식구들과 더 빨리 가까워질 수 있었다.

풍년제과는 그때 이미 공장 직원만 10명이 넘을 정도로 일이 많았다. 공장장과는 말도 섞지 못할 정도로 이전 제과점들에 비해 규모가 컸지만 직원들에 대한 처우는 비슷했다. 10명의 공장 식구들이 제과점 옆에 달린 단칸방에서 모두 함께 잤다. 자고 일어나면 겨울에는 방에 고드름이 얼어 있을 정도였다. 그래도 그때는 모두가 불평 없이 일했고, 나도 시키는 일은 무엇이든 열심히 했다.

* 손반죽을 치는 모습. 그림은 Jean-Henri Lopez의 2002년도 작품

　어느 정도 일이 익숙해졌을 때 본격적으로 빵 일을 하게 됐는데, 밀가루 1포 50㎏ (당시 밀가루는 미국의 원조로 들여온 악수표 밀가루로 한 포당 50㎏이었다.)씩을 분할해서 한 통에 넣고 허리보다 높은 반죽 통에 엎드려 15~20분씩 손 반죽을 쳤다. 밤 11시에 시작해 빵 반죽을 하고 잠깐 잠들었다가 새벽 3시 반에서 4시 사이에 일어나 발효를 확인하고, 이를 다시 성형하고, 2차 발효시켜 빵을 구워내야 아침을 먹을 수 있었다. 아침은 대개 8시 반이나 9시에 먹고, 점심은 일을 하면서 잠시 틈나는 대로 서서 먹거나 너무 바쁘면 건너뛰고, 저녁은 오후 일이 다 끝나는 8~9시가 되어 먹다보니 위장병도 생겼다.

　개인 생활도, 휴일도 없는, 여러 가지로 힘든 나날이었지만 그래도 적응해가며 어떻게 지나갔는지도 모르게 많은 세월이 흘러갔다. 통행금지가 있던 때라 밤 12시 통행금지 사이렌 소리를 들으며 잠자리에 들고, 새벽 4시 통금 해제 사이렌 소리를 기상나팔 삼아 일어났다. 이때의 습관으로 평생 동안 하루 5시간 이상 자보지를 못했다. 제과 일을 하는 내내 내 몸을 아껴가며 해본 적이 없었지만 그때는 정말 일만 했었다. 그 덕분에 윗사람들의 눈에 들어 인정도 받게 되고, 또 필요한 사람으로 불려가는 일도 생겼다.

성실함 하나로 얻은 행운

처음 내가 풍년제과에 입사했을 때의 공장장은 김남호 씨였다. 김환식 씨의 제자였던 한종환 씨가 김남호 씨에게 막 공장장 자리를 물려줬을 때였고, 그로부터 1년 정도 근무했을 때 김종익 명장님이 공장장으로 오시면서 그는 케이크타운으로 자리를 옮기게 됐다. 김남호 씨는 이때 자리를 옮기면서 나도 데리고 갔고, 케이크타운에서 1년 정도 같이 근무했다. 미도파 백화점 건너편에 있었던 케이크타운은 장사가 잘되는 곳이었고, 나중에 내무부 근처로 이사를 해서도 손님이 많았다. 그러다가 김종익 명장님이 다시 자리를 옮기게 되자 김남호 씨가 또 풍년제과 공장장으로 가게 됐는데 이때 선호석 사장님이 나를 지목해 같이 올 것을 제안했다고 한다.

김남호 씨는 원래 다른 직원을 데리고 갈 생각이었으나 사장님의 제안이라 거절을 못 하고 나와 함께 풍년제과에 컴백했다. 평소 성실하게 일하던 내 모습을 사장님이 기억하고 계셨던 것이다. 어쨌든 몸을 아끼지 않고 열심히 일한 덕에 다시 풍년으로 가게 됐고, 그 이후의 내 제과 인생도 좋은 방향으로 연결될 수 있었다고 생각한다.

그 후로도 얼마 동안 김남호 씨 밑에서 일을 했다. 그런데 아쉬웠던 점은 좀처럼 기

* 1967년 카스텔라 반죽을 지켜보는 사진,
  공식적으로 찾을 수 있는 나의 첫 번째 사진이다.

술을 가르쳐주지 않았다는 것이다. 아주 무덤덤한 성격의 사람이었다고 기억되는데, 같이 자리를 옮겨가며 수년 동안 일을 하면서도 배합표 하나 상세하게 가르쳐주는 일이 없었다. 그저 대충 지시만 할 뿐이었다. 그래서 기술 욕심이 많았던 나는 말 그대로 낮에 어깨너머로 일하는 모습을 봐 두었다가 밤에 몰래몰래 연습하며 하나하나 기술을 익혀나갈 수밖에 없었다. 재료를 적은 메모지와 나의 기록하는 습관은 이때도 큰 도움이 되었다.

집안 어른들의 말에 의하면 돌아가신 아버님께서 눈썰미와 손재주가 비상했었다고 한다. 그 피를 물려받은 덕분에 나도 남들 일하는 모습을 보면 어느 정도 바로 흉내낼 수 있었고, 남들보다 더 열심히 연습해 기어이 내 기술로 만들어 갈 수 있었다. 그렇지만 그 일은 말처럼 쉬운 일이 아니었고 또 확실한 방법도 아니었기에 시행착오도 여러 번 겪어야 했다. 그래서 그때부터 했던 결심 중 하나가 후배들을 위한 교육기관의 설립이었다.

풍년제과에 다시 돌아온 1965년 봄에 나는 군대에 가기 위한 신체검사를 받았다. 그 당시 평균보다 큰 170㎝의 키에 75kg 정도의 건장한 신체를 가진 나는 당당히 1급 판정을 받았다. 입대 6개월 전, 같은해 11월 2일 진해고교 운동장에 집합하라는 입영통지서도 받았고 당연히 군대에 갈 것이라고 믿어 의심치 않던 내게 갑자기 입대 3개월 전에 군

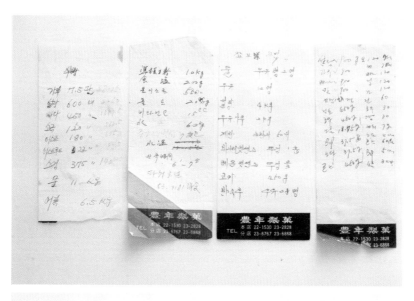

* 풍년제과 시절 제품의 메모들

면제 통보가 왔다. 법이 바뀌어서 '부선망 독자'는 군대에 가지 않아도 된다는 것이었다. 월남전이 한참이던 시기에 해병대 징집대상으로 뽑혀 마음 단단히 먹고 입대를 준비해 온지라 다소 어리둥절했으나 이 기회를 허송세월하지 말아야겠다는 생각이 강하게 들었다.

이 3년 동안 모든 걸 걸고 기술을 익혀야겠다고 결심한 나는 어머님께 전화를 드렸다. 독자지만 조부모 제사는 물론 아버지 제사에도 내려가지 않을 테니 보고 싶으면 올라왔다 가시라고. 그리고 오직 기술 습득과 연마에 매달렸다. 우선 그때까지 보고 듣고 배운 모든 것들을 노트에 정리해 가며 제과의 기본들을 다시 익혀 나갔다. 어느 정도 정리가 끝났을 때 내가 모르는 것이 무엇이고 더 연습해야 할 것들이 무엇인지가 눈에 보였다. 그때부터 일에 대한 자신감도 붙고 일을 컨트롤 할 수 있는 힘도 생겼다.

그런데도 그런 나에게 좀처럼 진급의 기회는 오지 않았다. 공장장이 자주 바뀌는 바람에 번번이 새로 오는 공장장이 데려온 사람에게 밀리곤 했다. 그 바람에 빵 반죽만 2년 가까이 쳐야 했다. 그래도 꾹꾹 참으면서 그들의 다른 점을 메모하고 배울 점을 찾았다. 그렇게 참고 준비하며 기다린 나에게 드디어 행운이 찾아왔다. 100년에 한 명 나올까 말까 한 기술인이라고 평가받던 김충복 선생님을 모시게 된 것이다.

* 1972년도까지 배운 것을 날짜와 행사까지 적으며 모두 한 노트에 정리했다.

준비되어야 기회도 잡는다

돌이켜 보면 내가 김충복 선생님을 모시게 된 건 너무 큰 행운이기도 했지만 나의 우직함도 한몫했다고 생각한다. 진급할 기회가 무산될 때마다 실망하고 다른 업소를 찾아 이직했다면 그런 만남은 이루어지지 않았을 것이다. 또, 내가 군에 가지 않은 3년 동안 혼신의 힘을 다해 기술 수준을 높여놓지 않았다면 김충복 선생님 같은 대가가 나를 가까이 두려 하지 않았을 것이다. 인내하며 노력하며 부책임자의 지위까지 올라갔을 때 선생님을 만난 것도 행운이었다. 준비하고 기다리는 것의 중요함을 이때 절실히 깨달았다.

우리나라에 제과 기술을 전파한 초대 기술인을 꼽으라면 김환식 선생님과 공윤택 선생님을 꼽을 수 있다. 김환식 선생님은 일제 강점기인 1920년대에 이미 전 일본양과자협회 기술지도위원을 지낼 정도로 정평이 있는 분이었고, 공윤택 선생님도 같은 시기에 일본 관동군사령부 제과 책임자로 근무할 정도였으니 그 실력들 또한 출중했었다고 한다. 여러 제자들이 있었으나 그중에 김환식 계열의 김충복 선생님이 뛰어났고, 공윤택 계열의 맥은 박근성 선생님이 이으셨다. 김충복 선생님은 일본에서 태어나 고교 3학년 때 해방을 맞아 귀국하셨다고 하는데, 배가 고파 익산의 한 제과점에 들어간 것이 제과업에 입문한 계기가 되었다고 하고 거기에서 공장장으로 계셨던 김환식 선생님을 만났다.

높은 미적 감각과 뛰어난 서예 솜씨를 가지고 있던 김충복 선생님은 스승의 제과 기술까지 이어받아 1950년대 후반에 이미 유명기술인의 반열에 올랐고 높은 대우도 받던 분이었다. 그런 분이 유학이 극히 제한됐던 1960년대 중반에 우리나라에서는 최초로 동경제과학교 유학까지 다녀오셨으니 그 인기 또한 대단했다. 김충복 선생님이 풍년제과에 오게 된 것도 선호석 사장님이 그가 유학을 마치고 돌아온다는 소식을 미리 알고 김포공항까지 마중 나가 김충복 선생님을 납치하다시피 영접해 이루어진 것이라고 한다. 공예과자와 파이핑 솜씨가 매우 뛰어나셨고 제과제빵 전반에 관한 지식도 해박하셔서 김충복 선생님은 잘 모르는 것이나 미숙한 부분에 대해 꾸지람 반, 지도 반으로 가르쳐 주셨다.

성격도 매우 까다로우셔서 마음에 들게 일한다는 게 쉬운 일이 아니었지만 나는 모든 것을 다시 배운다는 생각으로 열심히 했다. 선생님께 지적받는 게 싫어 밤늦게까지 내일 나갈 케이크 등을 만들어 놓았다가 새벽에 일어나 일하시기 좋게 늘어놓으면 '축 생일, Happy Birthday' 따위의 글씨를 케이크 위에 쓰셨다. 이 당시 공장장들의 임무는 주로 케이크 데커레이션과 공장인력관리 정도였다. 나머지는 부책임자인 나의 몫이었다. 잘한 생색은 낼 수 없었지만 잘못되면 불호령은 항상 나에게 떨어졌다. 그래도 선생님께 정말 많은 것을 배웠고, 그 시기에 친구도 얻고 아내도 만나고 위장병도 고쳤다.

* 상 1968년부터 그 당시 최고 기술인만 할 수 있었던 케이크 데커레이션 업무가 주어졌다.
  사진은 장미꽃을 짜서 장식하는 모습이고 최종 사인은 선생님이 했다.
* 하 초기 풍년제과 공장 식구들과 찍은 사진.
  1970년도 겨울 성탄케이크를 완성하고 동료들과 함께

선생님을 모신 초기에는 모든 일에 완벽을 기하느라 오히려 위장병이 악화됐다. 병원에서 신경성 위염이라는 진단을 받고 약을 먹어도 도무지 낫질 않았다. 고기만 머으면 체하고 토하기까지 해 85kg이던 체중이 59kg까지 줄어드는 등 고생이 막심했다. 맨밥에 생선 정도로 끼니를 때워가며 겨우겨우 지내고 있었는데, 선생님 제자 중 다른 제과점에서 공장장을 지내던 유씨 성을 가진 사람이 인사차 왔다가 내 상태를 보고 다음에 올 때 우유병에 흰 액체를 담아와 권했다.

마셔보니 속이 편해지고 좋아지는 것 같아 무엇인지 물었더니 뱀탕이라고 했다. 지금과 달리 의약품이 발달한 시기가 아니라서 무엇이든 의지해 위장병을 고쳐야 했다. 그분의 안내로 삼선교 쪽 건강원을 찾아갔더니 아주 심각한 상태라서 구렁이 탕을 먹어야 한다고 했다. 그 당시 내 월급이 2만 원이었지만 4만 원을 주고 주문했고, 그 탕을 다 먹었을 땐 내 위장병도 낫고 체력도 회복됐다.

* 내가 가장 야위었던 시기에 풍년제과 둘째 아들 선문훈 씨,
  스위스 기술자와 함께. 내가 처음 만난 유럽기술인이지만
  기술보다는 원가계산에 대한 방법을 배웠다.

친구도 얻고 해외 기술도 접하고

　김충복 선생님이 오시고부터 확연히 달라진 점은 그동안 우물 안 개구리처럼 풍년제과 안에서만 이루어지던 교류가 밖으로 확대될 수 있었다는 점이다. 김충복 선생님의 제자들도 드나들었지만 워낙 유명하시다 보니 이것저것 부탁하러 오는 업계 인사들도 많았다. 일부 지방 제과점들의 경우에는 연말에 일이 많을 때 자기 기술인을 서울에 파견해 일을 도와주면서 배워오도록 하는 일명 '이쓰오리'라는 제도를 운영하기도 했는데 단연 풍년제과가 인기였다.

　이때 만난 친구가 대구 기술인 김태성 씨였다. 물론 이쓰오리 같은 형식 말고도 김 선생님 밑에서 일을 배우겠다고 찾아오는 기술인이 많았다. 하지만 일의 강도나 기술력을 견디지 못하고 며칠 일하다가 나가는 기술인들도 있었는데 나중에 지방에 내려가 보면 이들이 서울에서 일하다 왔다며 공장장을 맡고 있는 것을 보고, 일하는 사람이나 쓰는 사람이나 다 문제가 있다고 생각했다.

　하지만 김태성 씨는 달랐다. 대구에서도 제일 큰 런던제과 부책임자였고 뭔가 배우려는 의지가 강했다. 해마다 11월에 올라와서 그 고된 크리스마스를 지나 1월까지 일을

제과명장 권상범

* 1970년 12월, 친구 김태성 씨와 함께

마치고 내려갔다. 몸을 아끼지 않았고 무엇보다 성실하고 진지했다. 11월부터 1월까지는 일이 너무 많아 잠도 제대로 못 자는 시기이다. 이런 기간을 같이 지내며 일하다보니 손발도 배짱도 잘 맞아 아주 친한 친구가 되었다.

풍년의 부책임자로서 나는 내가 아는 모든 배합을 알려주었다. 하지만 알려준다고 해서 똑같은 맛을 내는 건 아닌 것 같았다. 한번은 크림 배합을 알려줬는데 대구에 내려가 해보니 그 맛이 안 난다고 했다. 내려가서 확인해보니 이상하게도 맛이 달랐다. 아마 환경에 따라 맛도 달라지는 듯했다. 그날은 온종일 대구의 환경에 맞는 크림 배합을 찾는 데 시간을 보냈다.

그 후로도 쉬는 날이면 밤차로 대구에 내려가 다음 날 하루 종일 김태성 씨 일을 도와주고 밤차로 올라오며 우정을 다졌다. 이 우정은 김태성 씨가 사고를 당하기 전까지 수십 년간 지속됐고, 가족들도 한 가족처럼 지냈다. 내가 처음 제과점을 열고 어느 정도 안정돼 다시 일본으로 공부하러 갈 때도 김태성 씨와 같이 갔고, 좁은 방 하나에서 2개월간 숙식을 같이하며 일본 제과점 연수도 함께 했다. 마음이 통하고 같은 길을 가며 전문가로서 의견을 교환할 수 있는 친구가 있다는 것은 인생에 있어 아주 감사하고 행복한 일이었다.

* 1970년도 12월에 찍은 풍년제과 공장식구들과의 단체사진. 20명으로 늘어있다.

풍년제과 근무 말기에 있었던 또 한 가지 인상 깊었던 일은 처음으로 해외기술인과 함께 일을 해봤다는 것이다. 1960년대는 식량 부족이 국가의 가장 큰 문제여서 미국의 원조가 큰 힘이 되던 때이다. 미국소맥협회도 밀가루를 원조하는 한국과 여러 가지 협조 방안을 모색했는데 이때 대한제과협회와 함께 제빵기술 보급사업을 펼치게 되었다. 그리고 그 사업의 일환으로 1971년 3월 미국소맥협회 기술고문인 곤잘레스 씨가 한국에 파견되어 서울 시내 대형제과점 13곳을 돌며 기술 지도를 시행했다. 그리고 이때 풍년제과에도 들러 미국식 제빵법을 소개했다.

곤잘레스 씨의 제빵법은 여러 가지로 그때까지 우리의 제빵법과는 차이가 있었고, 그 능숙한 솜씨는 나에게 큰 감명을 주었다. 제빵 기술이 세계적으로 인정받는 좋은 기술이라는 자부심도 느꼈지만 저렇게 되려면 더 열심히 공부해야겠다는 각오도 다지게 했다. 무엇보다 중학교에 진학 못 한 한을 풀려고 강의록으로 공부한 영어가 이때 큰 도움이 되는 것을 경험하고 시간 나는 대로 영어를 더 공부해야겠다는 다짐도 하게 됐다. 곤잘레스 씨는 1972년 5월에도 내한해 전국을 돌며 기술 지도를 하는 등 총 5차례에 걸쳐 한국에 기술을 전파했고, 그때마다 새로운 방법으로 우리 제빵업계에 도움을 줬다.

곤잘레스 씨가 처음 한국에 와 기술 지도를 할 때 그때까지 식빵에 50% 내외의 물을 사용하는 집도 있었는데 이것을 65%까지 끌어올리는 혁신적 방법을 소개했고, 이는 밀가루 한 포당 식빵이 10개씩 더 나오는 방법이어서 각 점포에 큰 이익이 되었다. 또 바게트를 소개할 때는 스팀오븐이 없었기 때문에 재래식 오븐 안쪽을 벽돌로 막아 열 손실을 줄이고, 함석을 구부려 그 안에 물을 담아 증기를 발생시키는 방법으로 바게트를 구워냄으로써 큰 박수갈채를 받았다. 기술인은 응용력과 순발력도 좋아야 한다는 것을 이때 배웠다.

* 곤잘레스 씨가 풍년제과에서 기술세미나를 마친 후 대한제과협회, 미국소맥협회 관계자들과 함께.
  김충복 선생님과 서정웅 명장의 모습도 보인다. 앞줄 왼쪽 4번째가 내 모습이다.

평생 조력자 아내를 만나다

나의 제과인생 60년 가운데 운명을 결정한 소중한 인연의 싹들은 대부분 풍년제과에서 돋아나고 자랐다. 스승을 모셨고 친구를 얻었으며 내가 제과업으로 성공할 수 있게 평생을 도와준 반려자를 만났다. 나는 27살이 될 때까지도 여자를 가까이하지 않았다. 오히려 '여자는 내가 가는 길에 방해만 된다'고 생각할 정도였다. 김충복 선생님이 오시고 그 밑에 부책임자로 근무하게 되자 내게 관심을 보이는 여성들도 꽤 있었지만 모르는 체하고 지냈다.

그러다 28살이 되던 해 어느 정도 기술에도 자신이 붙었고 이제 이만하면 일가를 이루어도 되겠다라는 생각이 들어 김충복 선생님께 상의를 드렸다. 김 선생님은 바로 그 자리에서 지금의 아내를 추천했다. 오랫동안 봐왔는데 아주 똑똑하고 센스 있는 처자이니 적극적으로 사귀어보라고 하셨다. 그렇지만 여성과의 교제 경험이 없었던 나는 어떻게 접근해야 할지 몰라 머뭇거리기만 했다. 그러던 중 내가 답답할 때마다 찾아가던 원효로의 절에 가던 날, 우연히도 그녀가 따라가도 되냐고 물어왔다. 자기도 가보고 싶다면서….

물론 그 당시 아내는 나를 이성으로 생각하는 것 같지는 않았다. 7살 차이가 났고 내 직위도 풍년제과에서 최고참급이었기 때문에 아저씨라 부르며 자연스럽게 따라왔다. 그 일을 계기로 가끔 절에도 같이 가고 스스럼없이 이야기도 나눌 수 있는 사이가 됐다. 그런데 그 절의 보살님께서도 아내를 한두 번 보더니 아주 잘 맞는 짝이니 놓치지 말고 결혼하라고 성화였다. 자기가 중매까지 서겠다고 나섰다. 후에 우리가 결혼했을 때 김 선생님은 선생님대로, 보살님은 보살님대로 자기가 일등공신이라고 우겼지만 사실 두 분 다 큰 힘이 되어주신 건 맞다.

아내에 대한 풍년식구들의 평판도 좋았다. 아내는 원래 고향에서 공부를 더 하고 싶어 서울에 올라왔다고 한다. 서울에서 처음 들어간 직장이 자미당이라는 제과점이었는데 근무 환경이 공부를 더 하기에 적합한 직장이 아닌 것 같아 곧 그만두고 전화국에 시험을 봐 취업했었다. 그런데 거기는 적성까지 맞지 않아 고민하던 중 김충복 선생님의 권유로 다시 자미당에서 일하게 되었고, 거기서 직원들과 독서모임을 갖는 등 직장 분위기를 공부하는 분위기로 바꾸어가는 열성을 보인 점이 김 선생님의 마음에 들었던 것 같다.

그 후 김 선생님이 풍년제과로 자리를 옮기신 후에도 잊지 않고 그녀에게 풍년제과

* 1968년, 처음으로 한껏 멋을 내고 사진을 찍었다.
  아마 이런 모습으로 아내도 만났을 것이다.

로 와줄 것을 제의했고, 그 스카우트 제의를 전달하러 자미당을 찾아간 사람이 나였다고 하는데 나는 사실 그 일을 잘 기억하지 못하고 있었다. 인언이라는 것이 묘하게노 이렇게 저렇게 여러 갈래로 얽히는 것인지 그때 이미 우리의 인연은 시작됐던 것 같다.

풍년제과에 오자마자 그녀는 그 때 제과점으로서는 최초로 공채를 통해 채용된 15명의 풍년 신입직원들을 맡아 사원교육을 진행하는가 하면 매장에 빵이 남을 것 같은 기미가 보이면 그 제품을 미리 집중 권유하거나 남은 빵들을 모아 마감세일을 하는 등의 방법으로 그날 만든 빵을 모두 판매하는 기지를 보였다. 그때 나이가 갓 스물을 넘겼을 때이니 나를 포함한 풍년식구들이 그녀를 인정하고 예뻐한 것은 당연했다.

이처럼 여러 가지 분위기가 좋았음에도 나이 어린 그녀는 결혼에 크게 관심을 보이지 않는 것 같았다. 언제까지 머뭇거리기만 하는 것도 내 성격에는 맞지 않아 어느 휴일 결단을 내리고 그녀의 언니와 삼촌이 산다는 원주에 내려가기로 했다. 물론 그녀가 그날 원주에 간다는 것을 미리 알았고, 나는 먼저 내려가 기다리다가 식구들에게 인사를 함으로써 나의 존재를 알렸다. 그녀도 못 이기는 체 이를 받아들였고 그 뒤로 우리의 결혼은 기정사실화됐다. 무뚝뚝한 경상도 남자라는 핑계로 달콤한 사랑 고백도, 화끈한 러브스토리도 없었지만 그 시대 남녀가 나누던 1년 남짓의 교제를 거쳐 우리의 결혼은 이루어졌다.

나폴레옹제과 공장장이 되다

김충복 선생님과 5년 정도 근무했을 무렵 선생님은 나를 불러놓고 '덕수제과로 갈래, 나폴레옹으로 갈래?'하고 물으셨다. 그 당시는 지금처럼 제과제빵기능사 자격증이 있다거나, 기술경연대회 같은 것도 없던 시대여서 나의 기술 수준은 오로지 선생님이 인정해주느냐 안 해주느냐로 판명될 수밖에 없었다. 사실 나보다 훨씬 기술 수준이 떨어지는 친구들도 공장장으로 나가 있는 경우가 많아, 마음 한편으로는 의아해하면서도 선생님을 믿고 오직 더 깊은 기술에만 신경을 써오던 터였다. 그런데 그 말씀을 듣는 순간 '아! 나도 이제 공장장이 되는구나.'하는 마음과 함께 오랜 시간 참고 땀 흘린 내 노력이 보상받는 것 같아 코끝이 찡해왔다.

무엇보다 내 기술을 더 마음껏 펼쳐 보일 수 있는 곳으로 가고 싶어 "나폴레옹으로 가겠습니다."했다. 그 당시 덕수제과는 이미 오래되고 명성이 자자한 큰 업소였고, 나폴레옹은 역사가 짧지만 새로운 가능성을 보여주는 업체였다. 한 가지 들리는 소문으로는 나폴레옹 사장님이 깐깐하여 공장장이 자주 바뀔 정도로 일하기 힘든 곳이라 했다. 그러나 편한 곳보다는 발전 가능성이 있고 인정받을 수 있는 곳이 나는 좋았다. 그런데 막상 가보니 그 소문은 사실이었다.

* **상**: 스승 김충복 선생과 함께
* **하**: 김충복 선생님은 특히 공예과자 쪽에 기술이 뛰어나 기술품평대회가 있거나 큰 행사가 있으면
대형공예과자를 만들어 출품했다. 비슷한 형태지만 두 제품은 만든 시기가 다르다.

풍년제과에서 근무를 시작한 지 9년 7개월, 내가 제과업에 입문한 지 딱 12년 만인 1972년 10월 2일, 나폴레옹제과 공장장이 되어 자리를 옮겼다. 물론 그 전에 강인정 사장님과의 면접도 있었고 입사를 위한 테스트 같은 질문도 여럿 받았지만 무사히 통과되었다. 출근해 보니 1968년 개업한 후 4년 동안 무려 6명의 공장장이 다녀갔고 내가 7번째 공장장이었다. 공장장의 평균 수명이 8개월 정도였으니 그동안 얼마나 격변의 세월을 보냈는지 알 수 있었다. 그러다 보니 사장님이 기술자를 믿지 못하고 있었다.

마음에 드는 공장장을 못 만나기도 했겠지만 사장님이 언론인 출신에다 해외여행 경험이 많아 기술적 요구정도도 매우 높았다. 무엇보다 입사초기에 견디기 힘들었던 점은 나의 일거수일투족에 대한 감시였다. 나까지 공장 식구 5명과 매장 직원 몇 사람이 일했는데 매장 직원 중 한 사람을 감시자로 붙여 내가 일을 잘하는지, 다른 짓은 안 하는지, 제품 로스는 없는지 등 사사건건 모든 걸 보고받고 있었고, 감시는 나도 알 수 있을 만큼 노골적으로 행해졌다. 차라리 내가 일하는 걸 직접 보시라고 요청도 했지만 못 들은 체했고, 제품이나 공장 운영에 관해서도 사장님이 해오던 방식대로 할 것을 주장하셨다.

풍년에서는 상급자가 되면서부터 일하는 시간이 정해져 있었고 저녁 시간에는 어느 정도 여유도 있었으나, 나폴레옹에서는 공장장도 아침 7시에 출근해 밤늦게까지, 휴일에도 공장을 돌아보기도 했다. 내가 그 당시 최고 기술인인 김충복 선생님의 수제자였고 입사해서 한 달 동안을 정말 열심히 보여줬는데도 강 사장님의 방침은 요지부동이었다. 그때 내가 선택할 수 있는 길은 딱 두 가지였다. 그만두든가 적응해 인정받든가. '그래! 한 달로 안 되면 3개월 해보자. 사장님의 방침이 그렇다면 거기에 맞추어 해보자.' 내 생각을 내려놓고 사장님의 요구에 맞추기로 마음먹으니 의외로 편안해졌다. 내가 3개월 동안 열심히 일하는 모습을 보면 사장님도 인정해주실 것이라는 자신감이 있었기 때문이다.

더 열심히 일했고 입사 후 2개월 후부터는 크리스마스 준비에 들어갔다. 크리스마스 준비에 한창 바쁠 무렵 대우실업에서 3호 케이크 300개의 주문이 들어왔다. 직원 5명이 다른 제품들도 만들면서 케이크 300개의 주문을 감당하는 것이 걱정되었던 사장님은 나에게 가능하겠냐고 물으셨다. 나는 3호 케이크 틀만 있으면 가능하다고 말씀드렸더니 사장님께서 직접 3호 케이크 틀을 수소문해 사 오셨다. 그때부터 주문 날짜에 맞춰 시트를 만들고, 케이크 위에 데커레이션을 하고 마지막으로 글씨를 써 내려가는 내 모습을 보고 사장님은 그제야 안심하시고 나에게 공장을 맡기겠으니 앞으로 잘해달라고 말씀하셨다.

그렇게 3개월 만에 나는 나폴레옹제과의 공장장으로 자리매김할 수 있었다. 사장님은 혜화동에 따로 방도 마련해 주셨다. 풍년에서 10명이 한방에서 자다가 내 방이 생겼다는 것은 그만큼 공장장에 대한 예우도 해주셨다는 것이다. 다만 초기의 기 싸움에서 자신의 확고함을 보여주려는 의도가 있었고, 나 또한 쓸데없는 고집을 접고 기술과 성실로 인정받겠다고 마음먹은 것이 그 이후의 길을 순탄히 열어주었다고 생각한다.

결혼, 미래를 향한 동반의 시작

1973년 4월 16일, 아내와 결혼했다. 나는 29세, 신부는 22세. 1년 남짓 교제하면서도 살림 차릴 여유가 없어 결혼을 미루다가 나폴레옹에서 자리잡고 6개월이 지나 결혼식을 올렸다. 그때까지 신부는 풍년제과에서 근무하다가 결혼과 동시에 직장을 그만두었다. 나폴레옹 공장장의 첫 봉급은 3만 원이었다. 내가 결혼하자 사장님은 봉급을 2배로 올려주셨다. 봉급이 2배로 올랐다는 건 그만큼 여유로워진다는 걸 뜻하지만 현실은 전혀 그렇지 않았다.

결혼식 비용부터 신혼 방을 마련하고 살림을 꾸리는 것 모두를 빚을 얻어 해야 했고 시골 어머니도 삯바느질로 연명하며 동생들을 키우느라 얼마간의 빚이 있었기 때문에 봉급의 절반은 어머니께 보내드렸다. 나머지 절반으로 우리도 빚을 갚아가며 살아야 했다. 오죽했으면 신혼집을 얻을 때 "방 두 칸짜리를 얻으면 손님이 오실 수도 있으니 한 칸짜리를 얻어 살자."고 했을까.

처음 신혼집은 삼선교 산성 근처에 있었는데 습기가 많아 벽이나 장판 밑바닥에 물이 줄줄 흘렀다. 겨울에는 자고 일어나면 방안 여기저기에 얼음이 얼어 있을 정도였다.

그래도 여기서 큰딸 지은이도 낳고 첫아들 형준이도 낳아 키웠다. 경제적 능력이 강한 아내는 어떻게든 이 가난을 벗어나고자 여러 가지 일을 시도했다. 처음에는 미제 물건을 받아다 가정방문을 하며 파는 일을 했으나 길게 할 일이 아니라는 것을 알고는 베갯잇에 수놓는 일 등을 해가며 살림에 힘을 보탰다.

나중에는 제과 기술인들이 봉급을 받아도 모으지 못하고 헛되게 낭비하는 게 안타까웠는지 계를 조직해 그들의 목돈 마련을 도와주기도 했다. 물론 우리도 이렇게 마련한 목돈으로 동생들 시집도 보내고 어머니 빚도 갚는 등 아주 큰 도움을 받았다. 어머니는 내 위치가 어느 정도 확고해진 77년경에 상경하셔서 우리와 함께 살게 되었는데 완전히 빈손으로 올라오셨다. 그때까지 내가 보낸 돈은 모두 남에게 빌려줬다가 떼이고 올라오셨으니 아내가 그 고생을 해가며 희생한 보람은 물거품이 되고 말았다. 하지만 아내는 그때도, 그 이후로도 한 번도 그 말을 꺼내지 않았다.

어쨌든 경제적 측면으로는 내가 장사를 하는 것이 가장 좋은 길이라고 판단한 듯 아내는 신혼 초부터 나에게 장사를 시작할 것을 줄곧 제안했다. 하지만 나는 아직 그럴 때가 아니라고 생각했다. 처음 마음먹은 대로 기술을 배우는 데 10년, 공장장 10년은 하고 나서 사업을 시작하고 싶었다. 무엇보다 기술인으로 성공하고 싶은 열망이 강했다. 아내

는 내 생각을 이해하고 그렇다면 더 공부할 것을 권유했다. 지금 돌이켜 보면 이때의 과
정들이 나의 앞날을 계획하는 데 큰 기여를 했다고 할 수 있다.

어려서 가난과 싸우던 시절의 고생을 아내와 다시 한번 겪는 느낌이었지만 새로운
희망이 있었다. 일가를 이루고 번듯한 기술인으로 성공하고 사업도 열심히 하여 아이들
에게만큼은 가난을 물려주지 말자는 다짐을 수없이 했다. 만일 그때 성급하게 덜 익은
기술로 장사를 시작했다면 어느 정도 돈은 벌 수 있었을지 몰라도 내가 맛볼 수 있는 장
인으로서의 정신적 경지도, 사회적 성취감도 느껴보지 못했을 것이다. 아내는 그 이후로
내가 공부할 수 있도록 최대한 배려해주고 집안의 여러 가지 대소사를 혼자서 잘 참고
현명하게 처리해 나갔다.

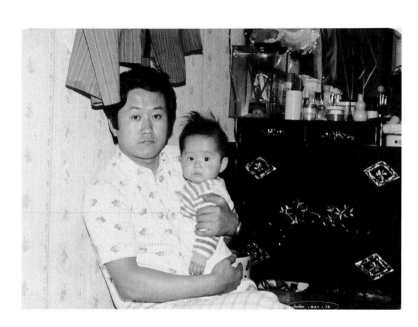

* 결혼해서는 처음 삼선교 방 한 칸짜리에서 살았다. 여기서 큰아들 형준이를 낳았다.

제과인은 공부하는 사람이다

제과에 입문한 지 만 12년 만에 나폴레옹 공장장이 되었지만 나에겐 늘 배움에 대한 갈망이 있었다. 학벌이 부족하다는 열등감보다 내가 하는 일에 대해 뭔가 체계적으로 배우지 못한 사람이 겪는, 혼돈 같은, 정리되지 못한 느낌이 있었다. 어깨너머로 상급자가 하는 걸 보고 연습하며 익히고, 김충복 선생님 같은 대가 밑에서 지시를 받아 일을 하면서 배워왔지만 그런 형태의 가르침은 늘 단편적으로 끝났다. 왜 그렇게 해야 하는지, 그렇게 하면 어떻게 되는지, 그대로 되지 않으면 어떻게 해야 하는지 등의 답은 늘 경험적으로 밖에 알 수 없었다.

공장장이 되고 후배들을 거느리면서부터는 더욱더 이론적인 뒷받침이 절실하다는 걸 깨닫게 되었다. 아내의 권유도 있었지만 어떻게든 내가 알고 있는 기술적 지식에 대한 검증과 이론적 정리가 필요했다. 1973년은 이런 면에서 나에게 아주 중요한 의미가 있는 해다. 내가 결혼하기 한 달 전인 3월에 미국소맥협회 기술고문이었던 곤잘레스 씨가 5번째로 한국을 방문해 활성글루텐 사용법을 소개했다.

이 당시 한국에는 강력분이 없었다. 식량난을 이유로 국가에서 강력분 생산을 규제

하는 바람에 중력분만 사용할 수 있었다. 중력분으로는 빵을 만들기 어려웠는데 그때 활성글루텐 사용법을 곤잘레스 씨가 소개한 것이다. 나폴레옹도 역시 중력분만 사용하고 있었는데 대한제분 직원이 찾아와 샘플을 주면서 이 방법으로 빵을 만들어보도록 권유했다. 나는 즉시 활성글루텐을 이용해 식감 좋은 식빵을 만들어냈다. 사장님은 크게 기뻐하셨고 국내에서는 최초로 뉴욕제과기계회사에서 만든 빵 믹서를 사주셨다. 믹싱이 잘되니 빵 생산량도 증가했다.

내가 풍년제과에 근무하던 1968년 후반기에 서울대 농대 출신으로 미국제빵연구소(AIB)에서 유학하고 온 김충기 씨로부터 빵 반죽온도 계산법을 배운 적이 있었다. AIB를 수석으로 연수하고 돌아온 김충기 씨는 농학박사로 미국소맥협회와 계약을 맺고 국내 빵 생산업체들에게 기술을 보급하고 다녔다. 김충기 씨가 알려준 대로 반죽 희망온도를 정하고 계절별로 평균온도를 입력, 얼음사용량을 계산해 반죽온도를 조절하니 실수 없이 안정적으로 빵을 생산할 수 있었다. 아주 체계적이고 획기적인 방법이었다.

나중에는 출근해서 공장 온도만 체크하면 바로 얼음양이 계산될 정도였다. 신기하게도 밀가루 온도는 실내 온도보다 평균 1℃ 낮았기 때문에 자동으로 계산이 되었다. 김충기 씨는 최종반죽 온도를 27℃에 맞추고, 50~60분 발효시켜야 하며 완료 10분 전쯤 반

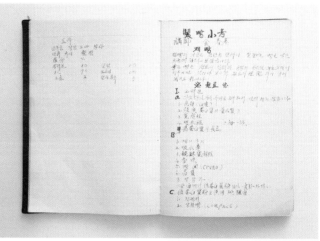

* **좌상** 김충기 씨 세미나 교재
* **우상** 김충기 씨로부터 배운 내용을
　　　 노트에 따로 정리했다.
* **하** 김충기 씨로부터 배운 얼음계산표.
　　　 이때부터 과학적 빵 만들기가
　　　 가능해졌다.

드시 반죽을 손으로 눌러봐 올라오는 상태를 점검해야 한다고 알려줬다. 공장마다 계절마다 온도가 다르므로 숫자에만 의존하지 말고 반죽 올라오는 상태도 꼭 확인해야 한다고 했다. 그러면서 나보고 일머리가 있는 사람이니 많이 해보면 알게 될 것이라는 격려도 잊지 않았다. 나는 이 방법을 익히려고 일부러 한 번에 할 일을 두세 번에 나누어 반죽을 하면서 연습했다.

나폴레옹에서는 이 방법을 아예 표로 만들어 빵 담당 후배들에게도 가르쳤고, 이 방법에 익숙해지자 빵을 망치는 일이 없어졌음은 물론 빵 맛도 더 좋아지고 생산량도 자유자재로 조절할 수 있게 되었다. 나폴레옹 식빵이 맛있다는 소문이 퍼지고 떨어지기 전에 식빵을 사려고 줄을 서는 일까지 생겼다. 사장님은 즉시 천일기계에 한 단에 철판 6매가 들어가는 3단짜리 오븐을 주문했는데, 완성된 오븐이 너무 커 건물 벽을 헐고 들여놓아야 하는 해프닝까지 벌어졌다. 그렇지만 그 오븐 덕에 하루 970봉까지 식빵을 판매하는 기록을 세울 수 있었다.

바로 이때 내가 생각한 것은 우쭐함보다는 공부를 더 해야겠다는 것이었다. 내가 어깨너머로 배웠던 것, 단편적으로 배워왔던 것들보다 더 학술적이고 전문적인 세계가 빵, 과자에도 더 존재한다는 것을 알게 된 것이다. 1973년 한국제과학교 제2기 6주 연수반

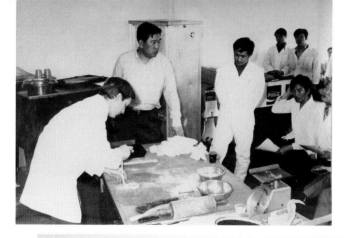

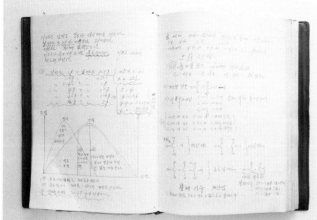

* 제과학교 연수반에서 수업하는 모습과
  이때 정리한 노트

* 1973년 제과학교 제2기
  연수반 수료식을 마치고

에 등록했다. 거기에는 나와 같이 기술인으로 공부를 더 하려고 등록한 사람들도 있었으나 제과점 사장이나 관련 회사 직원들도 있었다. 매주 수업이 끝나면 시험이 있었는데 첫 주에 53점을 받고 너무 창피했다. 그 이후 5번에 걸친 시험에서 모두 100점을 받고 2등으로 수료했다. 내가 얼마나 눈에 불을 켜고 공부했는지 지금도 기억이 생생하다.

제1회 전국 빵·양과자 품평대회를 석권하다

1974년 11월 5일, 사단법인 한국제과기술인협회가 주최하는 제1회 전국 빵·양과자 품평대회가 열렸다. 모두 5개 부문에 걸쳐 심사가 진행됐는데 나는 전 부문에 출품했고, 빵 분야와 건과자부문에서는 1등을, 나머지 공예과자, 양과자, 데커레이션 부문에서는 2등을 수상했다. 비공식적으로는 전관왕을 수상한 것이라는 평가도 있었다. 수상 내용이 중요한 것이 아니라 내가 어느 정도인지 평가받고 싶었고 더 공부해야 할 부분이 무엇인지 자극받고 싶어 출전했는데 그 결과는 기대 이상이었다.

그 무렵 나폴레옹은 서울에서 가장 인기 있는 제과점으로 급부상하고 있었다. 우리나라 최고의 유치원이라 평가받던 혜화유치원에도 매월 30~50개의 생일케이크를 고정으로 납품했는데, 나는 이 케이크들에 어린이들이 좋아할 동물그림을 데커레이션하여 큰 호응을 얻었다.

공부를 결심하고 여러 상황들을 접하다 보니 공부해야 할 것들이 너무 많았다. 그중에서도 나폴레옹제과 시절까지 이어진 김충기 씨와의 만남은 나에게 기술 공부의 필요성을 더 눈뜨게 해줬고 제조공정의 중요성을 확실히 깨우쳐 주었다. 배합표는 만들어 쓸

* 1974년 제1회 전국 빵 · 양과자 품평대회에서
  5개 부문 모두 상위권을 휩쓰는 성과를 거두었다.

* 공예과자 출품작 옆에서 동료와 함께

수도 있고 중간에 조정할 수도 있으나 정해진 공정만은 정확히 지켜야 좋은 제품이 만들어졌다. 김충기 씨는 내게 처음 계량보다도 계산할 줄 아는 능력이 더 중요함을 알려줬고 정확한 공정들을 기록해 그대로 해야 할 필요성을 강조했다.

김충기 씨는 AIB 연수 시절에 빵은 못 만들어도 노트 정리만큼은 1등이었다고 농담처럼 나에게 자랑했었다. 기록이라면 그 누구에게도 지지 않을 자신이 있었던 나는 그 당시 새로 배웠던 것을 포함해 내가 아는 모든 것들을 다시 한번 정리해 보리라 마음먹고 노트 정리에 들어갔다. 그 노트는 지금도 보관돼있다. 내 지식이 모두 정리되는 느낌이었고 이 작업은 수개월이 걸렸다. 그리고 가장 중요하게 얻은 소득은 공부하는 기쁨을 알게 되었다는 것이다. 그리고 비로소 제과 일을 노동이 아닌 공부로 보게 되었다.

또 한 번의 도약, 동경제과학교로의 유학

1974년 가을 강 사장님은 내게 또 한 번의 전기를 마련해 주셨다. 나를 불러 '지금도 잘하고 있지만 유학을 다녀오면 더 잘할 것'이라면서 동경제과학교 유학을 권유하셨다. 그때까지 동경제과학교 유학은 김충복 선생님을 비롯해 몇몇 최고 기술인들만 다녀왔다고 들었기 때문에 나 같은 초보 공장장에게 그런 기회가 주어진다는 것은 상상도 하기 힘든 일이었다.

그러나 강 사장님은 미리 결심을 굳히고 이에 대해 김충복 선생님과도 상의하신 것 같았다. 김 선생님은 강 사장님의 계획에 대해 들으시고는 "권상범이 유학 갔다 오면 몇 년을 더 근무해야 되느냐?"고 물으셨다고 한다. 그러자 강 사장님은 "다녀와서 그 다음 날 그만두어도 좋으니 보내겠다."고 했다는 것이다. 강 사장님의 그 큰마음에도 감탄했지만 2년 밖에 근무하지 않은 나에 대한 믿음이 더 고마웠다.

감사한 마음으로 유학 준비를 시작했다. 최대의 걸림돌은 어학이었다. 일본어 강사를 초빙해 없는 시간을 쪼개가며 4개월 정도 과외를 했다. 그런데 그보다 더 큰 암초는 여권이었다. 몇몇 특권층을 제외하고는 해외여행이 자유롭지 못했던 시절이라 여권 발급이 너무 어려웠다. 필요한 여권 서류를 갖춰 문교부에 가면 노동부로 가라 하고, 노동부에 가면 외교부에 가라 하고, 서류를 트집 잡아 다시 써오라는 둥 너무너무 까다롭고 복잡했다.

하다 하다 안돼 포기할까 생각하다 마지막으로 한번 더 노동부에 접수하러 갔더니 그동안 여러 번 드나들어 낯익은 직원이 더 이상 왔다 갔다 말고 영사국장에게 가보라 했다. 지푸라기라도 잡는 심정으로 물어물어 중앙청 영사국장을 찾아가 하소연했다. 서류를 검토한 영사국장은 서류상 아무 문제가 없다며 즉시 여권을 발급하도록 직원에게 지시했다. 그러면서 "엄마 아빠가 안 해주면 할아버지한테 와야지."하고 웃으며 잘 다녀오라고 격려해 줬다.

여권을 받아들었을 때의 그 빳빳한 감촉과 뿌듯함은 40여 년이 지난 지금에도 생생하다. 그러나 유학을 가게 되었다는 기쁨도 잠시 뿐이었고 막상 유학을 떠나려니 여러 가지 걱정이 앞섰다. 일본어에 대한 압박이 가장 크게 다가왔다. 4개월 정도 과외를 받은 걸로는 수업을 받을 만큼 능통할 수 없었고, 내가 가 있는 동안 공장 운영과 집안 살림 등이 걱정되었다. 특히 여권을 받느라 허비한 시간들 때문에 유학 준비는 더욱 바빠졌다.

내가 없는 동안 생산을 지휘할 사람은 지금 부산에서 시트론제과를 경영하고 있는 이호영 후배였다. 믿을 만한 후배였고 훌륭하게 그 일을 감당해 주었지만 노파심에서 공장 일을 일일이 메모해 당부하고 잡다한 일들을 정리해가며 유학 준비를 서둘렀다. 당시는 해외여행자들에 대한 사전 반공교육이 있었다. 중앙정보부가 주관하여 실시했는데 납치될 수도 있으니 낯선 곳에 혼자 다니지 말라거나 모르는 조선 사람이 접근하면 응대하지 말고 만약 그런 일이 있으면 돌아와서 신고하라는 둥 지금 생각하면 유학 내내 긴장할 수밖에 없는 교육도 받아야 했다.

1975년 5월 8일 유학을 준비한 지 6개월 만에 일본 유학길에 올랐다. 시골에서 서울만 가더라도 기차역까지 친척들이 배웅을 나서던 시절이라 유학 가기 2~3일 전부터 시골서 친척들이 올라오셨다. 단칸방이지만 잔칫집처럼 북적였고, 덕분에 서울에 있는 모든 친척집들도 덩달아 바빠졌다. 모두 20분 정도가 올라오셨고 김포공항까지 나와 환송을 해주셨다.

나폴레옹 강 사장님과 배웅해 준 친척들을 실망시키지 않기 위해서라도 열심히 공부하리라는 각오를 다지며 비행기에 올랐다. 처음 타는 비행기는 너무 신기했고 하늘에서 내려다보는 서울의 모습도 환상적이었다. 지게 지고 나무하러 다니던 소년이 동네 뒷산에 올라 내려다보던 마을 풍경과는 차원이 달랐다.

* 내 첫 번째 여권사진
   그때는 머리 길이도 귀 옆을 바싹 올려야
   한다는 규정이 있었던 것 같다.

* 김포공항 출국 전 고진곤 씨와 함께

과자와 세상에 대한 안목을 높이다

동경제과학교에서의 유학 생활은 첫날부터 만만치 않았다. 내가 도착한 날 그 유명한 일본 노조의 춘투로 철도가 파업에 들어갔다. 가까스로 기숙사는 찾아갔지만 움직일 수가 없어 3일 동안 꼼짝 못 하고 지내다 파업이 끝난 다음 날부터 학교에 출석했다. 예상은 했지만 첫 수업부터 언어장벽을 실감해야 했다. 그래도 다행인 것은 가르치는 제품 대부분이 내가 만들어 본 것들이어서 무엇을 하고 있는지는 알 수 있었다. 하지만 무엇을 강조하는지 무엇이 다른지 등을 자세히 알아들을 수 없었다.

궁하면 통한다고 여기서 요긴하게 발휘된 것이 나의 한문 실력이었다. 어려서부터 배우고 써 온 한자 덕분에 부족하나마 필담이 가능했고 의사소통도 할 수 있었다. 그리고 매일 배운 것을 빠뜨리지 않고 메모해 와 밤에 다시 노트 정리를 하면서 그날 배운 것과 일본어 표현을 익혔다. 그렇게 사전 찾아가며 3개월 정도를 하니 귀가 트이고 대화가 가능해졌다. 일본어 실력도 부쩍 늘고 공부도 수월해졌다.

수업은 아침 9시부터 오후 4시까지 양과자 수업을 했고, 오후 6시부터 9시까지는 화과자 수업을 했다. 수업이 끝나면 1시간 정도 기차를 타고 기숙사에 돌아와 노트 정리를

* 동경제과학교 유학시절 학우들과 함께

* 동경제과학교 유학 시에도 나의 기록습관은 멈추지
않았다. 수업시간에는 속기로 초벌기록을 하고
저택에 돌아와 다시 정성껏 노트를 정리했다.

먼저 하고 빨래나 청소 등 필요한 일을 했는데 새벽 1~2시가 돼서야 잠자리에 들 수 있었다. 여지없이 이때도 잠을 4~5시간밖에 잘 수 없었고 쉬는 날이면 동경 시내 유명 업소를 찾아 과자를 보거나 미진한 공부에 매달렸다.

동경제과학교에서는 주로 재료와 기본기, 제품 보는 안목 등을 배웠다. 과자 만드는 기술은 이미 익숙한 상태로 갔기 때문에 걱정이 없었고, 오히려 내 기술을 선생들로부터 확인받는 기회가 되기도 했다. 바움쿠헨을 수업시간에 처음 봤는데 만드는 법이 신기했다. 첫 시간에는 그저 유심히 만드는 과정을 지켜만 보다가 다음날 그대로 만들어 냈더니 선생님들도 나의 솜씨를 인정해 줬다. 나의 눈썰미와 일머리를 인증해 준 제품이어서인지 나는 지금도 바움쿠헨에 대한 애정이 특별하다.

쿠키도 동경제과학교 유학 당시 유망한 제품이라 생각돼 열심히 배워두었고, 초콜릿도 템퍼링 등의 기본기를 익혀 귀국 후 나폴레옹에서 많이 만들었다. 무엇보다 동경제과학교 유학을 통해 얻은 수확은 제과 일에 대한 자부심이었다. 일본 기술인들의 직업정신과 자기 일에 대한 정성은 나에게 큰 감명을 주었고, 일본 유학 이후 나는 언제든지 위생복을 입고 시내를 활보할 수 있을 만큼 당당한 마음으로 나의 일을 사랑할 수 있게 되었다. 서울올림픽이 개최된 1988년 이전까지 한국에서의 제과제빵사나 요리사의 사회적

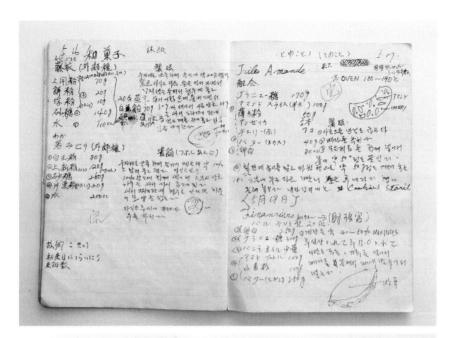

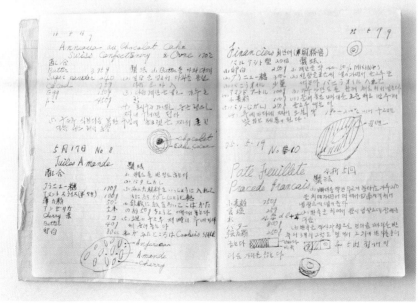

* 초벌기록과 다시 정리된 노트

* 학교수업이 없는 날에는
  동경유명제과점들의 제품을 사다
  제품과 포장까지 일일이 비교하며 공부했다.

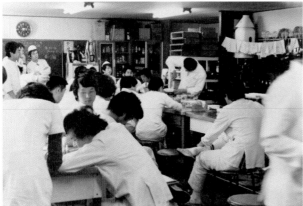

* 동경제과학교 유학시절 수업광경

지위는 그렇게 환영받는 위치가 아니었지만 유학 이후 나는 어디서나 나의 직업을 자랑스럽게 설명할 수 있었다.

기술에 대한 겸손도 더 깊어졌다. 강 사장님은 유학을 가 있는 동안 편지를 보내와서 파운드케이크 위에 과일을 얹었을 때 가라앉지 않는 방법을 알아오라고 하셨다. 지금은 특별한 노하우가 아니지만 학교 선생이나 일본 기술인들이나 쉽게 알려주려 하지 않았다. 그러나 끈질기게 파고들어 알아본 결과 과일에 밀가루옷을 입혀 얹으면 어느 정도 해결되는 문제임을 알게 됐다. 아주 작은 것일지라도 기술에는 끝이 없었다. 또한 강 사장님 같은 선 굵은 경영자라도 제품 하나하나에까지 신경을 쓰는 세심함이 없으면 사업을 그렇게 크게 키울 수 없다는 것도 깨닫게 되었다.

오스트리아 과자를 접하고 돌아오다

동경제과학교 수업이 끝나고 1개월 정도 현장 실습을 나가게 됐다. 내가 가게 된 곳은 모차르트 과자점이었는데 당시 모차르트에는 로겐호퍼(Rogen Hoffer)라는 오스트리아 제과 기술인이 와 있었다. 이제는 고인이 되신 야마모토 전 이사장님의 매제가 되는 사람인데 일본 지로제과점에서 빈(Wien, 비엔나) 과자 전문점 '모차르트'를 열면서 이분을 공장장으로 초청했다. 나는 운 좋게도 모차르트 과자점에 배정되어 이분과 함께 일하게 되었다.

첫날 출근하자마자 호퍼 씨는 나에게 영어를 할 줄 아느냐고 물었다. 조금 할 줄 안다고 했더니 잘됐다면서 자기 옆에 꼭 붙어있으라고 했다. 당시만 해도 일본 기술인들은 영어를 전혀 할 줄도, 좋아하지도 않는 것 같았다. 다행히도 나는 틈틈이 독학을 하고 비록 짧은 영어지만 곤잘레스 씨가 한국에 왔을 때 조수 역할을 해본 경험도 있고 해서 제과에 필요한 영어 정도는 소통이 가능했다.

호퍼 씨는 그동안 말이 안 통해 답답했었는지 나에게 이것저것 묻기도 하고 내 실력이 어느 정도인지 시험해 보기도 했다. 그는 첫날 말발굽 모양의 킵펠(kipfel) 쿠키를 만

* 동경제과학교 유학 당시 방문한 가게 앞에서

들면서 철판 위에 일부만 짜놓고 나머지는 나에게 짜보라고 했다. 나는 그가 짜놓은 옆에 가로세로 줄을 맞춰 능숙하게 나머지 쿠키 반죽을 짰다. 그는 아주 만족하면서 대부분의 작업을 곁에서 같이 할 수 있도록 배려해 주었다. 덕분에 나는 여러 가지 빈 과자의 제법과 맛도 알게 되었고, 유럽 케이크의 원조 격인 오스트리아 토르테도 접할 수 있었다.

한 가지 놀라웠던 점은 호퍼 씨가 토르테를 만들 때 만든 크림을 아이싱과 샌드에 조금도 남기지 않고 다 쓰는 것이었다. 그것을 보고 나도 한국에 돌아가면 저렇게 해야겠다고 다짐했다. 그러나 더 놀라웠던 건 호퍼 씨가 밀가루 알레르기가 있어 자기가 만든 과자를 맛보지 못하면서도 훌륭한 과자들을 만들어내고 있었다는 것이다. 호퍼 씨는 재료와 공정만 잘 지키면 맛은 따라오는 것이라며 크게 개의치 않는 듯했으나, 나중에 들은 바로는 이 알레르기로 인해 제과 일을 오래하지는 못했다고 한다.

현장실습을 끝으로 5개월간의 동경제과학교 연수를 마치고 그해 9월 귀국했다. 귀국하기 전 유학 생활을 뒤돌아보며 몇 가지 다짐을 했다. 첫째는 내 제과 기술 인생의 가장 큰 전기를 마련해 준 강 사장님에 대한 감사였다. 보은의 뜻에서라도 몇 배 더 성실히 일하리라 다짐했다. 둘째는 더 많은 공부가 필요하다는 각성이었다. 밖에 나가서 본 세계는 우리와는 너무 달랐다. 당시 우리나라는 모든 수준에서 뒤떨어져 있었고 가야할 길이 너무 멀었다. 제과제빵 분야도 일본이나 유럽에 비해 현저히 낮은 수준이었다.

우리가 배합표 하나를 얻기 위해 갖은 눈치와 수모를 감내하며 선배님을 모실 때 그들은 좋은 재료를 찾고 한 치의 오차도 없이 공정을 지켜가며 더 나은 제품 만들기에 몰두하고 있었다. 재료와 공정을 공부하면 배합표 정도는 쉽게 만들어 쓸 수 있다는 것이 선진국 제과인들의 상식이었다.

같은 배합을 가지고도 공정을 제대로 지키지 않으면 할 때마다 각기 다른 제품이 나온다. 인생도 마찬가지였다. 타고난 처지는 달라도 살아가는 과정에 따라 결과는 달라진다. 인생에 있어 공정은 인생을 대하는 태도와 선택의 과정이다. 항시 필요한 것을 준비하고 중요한 시기에 올바른 선택을 할 수 있다면 결과는 좋아질 수밖에 없다는 것을 깊이 깨우치고 다짐하며 귀국길에 올랐다.

제과명장 권상범

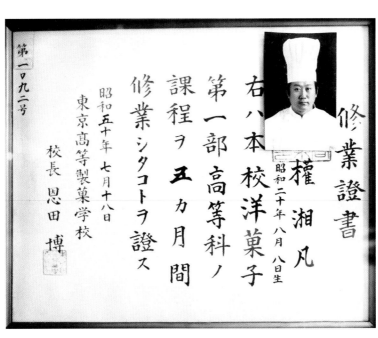

* 동경제과학교 졸업 증서에 그 당시 찍은 증명 사진을 합성했다.

기초부터 다시 전 제품을 리뉴얼하다

귀국하자마자 바로 다음 날부터 내가 매달린 일은 나폴레옹 제품 전체에 대한 조사와 재정립이었다. 일단 각 파트별 담당자에게 자기가 만들고 있는 제품의 배합과 공정을 모두 적어 올리라 했다. 내가 없는 동안 제품들이 그대로 만들어지고 있는지도 파악해야 했지만 무엇을 변화시킬지 검토할 필요도 있었다. 이때의 서류들은 지금도 내 서류철에 남아있다.

그 당시 메모를 살펴보면 식빵의 경우 담당자가 적어 올린 배합에는 반죽하는 재료의 총량을 무게로만 표시하고 있다. 밀가루 40㎏, 설탕 3k200g, 소금 800g 등의 방식으로 적혀있고, 빠다(버터)와 스킹(탈지분유), 물을 사용해 유지와 수분을 맞추고 있다. 물 사용량만 59%(23k600g)로 표기돼 있고 다른 재료는 백분율로 표시되어 있지 않다.

1976년 1월 내가 다시 정리한 식빵 배합표는 모든 재료가 베이커스 퍼센트로 정리되어 있고 밀가루 10㎏당 약 28봉의 식빵이 생산되며 1봉의 중량은 660g이라고 표기되어 있다. 또 배합표의 내용도 물 42%와 우유 18%, 쇼트닝 8% 등으로 수분과 유지 함량을 맞추고 있다. 배합표를 일본 가나로 표기한 이유는 내가 정리한 자료임을 표시하기 위한 것이기도 하지만 일본 유학 후에도 일본어를 잊지 않기 위해 지속적으로 공부를 하겠다

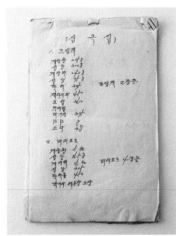
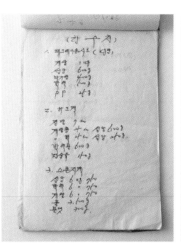
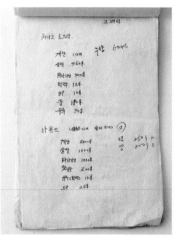

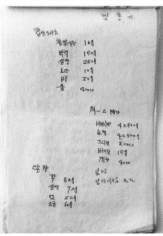

* 각 담당자들이 제출한 당시 제품들의 배합표

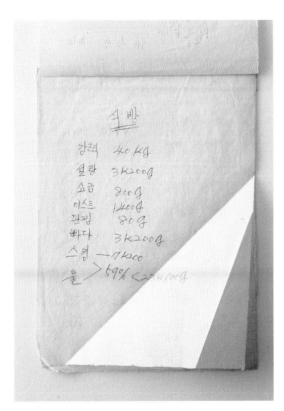

* 동경제과학교 유학 이전의 식빵배합표

* 동경제과학교 유학 이후의 식빵배합표

는 의지의 표현이기도 했다.

모든 자료가 다 남아 있는 것은 아니지만 이와 같은 제품정리는 그 이후 몇 개월, 또는 담당자가 바뀔 때마다 이루어졌다. 또한 생산일지를 작성해서 매일 어떤 제품이 몇 개씩 만들어지고 생산총액은 얼마인지를 보고하도록 시스템을 갖췄다. 이렇게 생산이 시스템화되고 제품의 품질이 높아지자 나폴레옹제과의 발전 속도도 더욱 가속화되었는데 강 사장님 또한 그 속도에 맞춰 기계 설비 등의 투자를 아끼지 않으셨다.

원래 설비투자에 관심이 많았던 강 사장님은 내가 처음 나폴레옹에 입사했을 때도 어떻게 구입하셨는지 국내업체들이 사용하지 않던 미제 호바트 믹서 40ℓ짜리를 사용하고 있었는데, 이 믹서는 한 후배가 믹싱 중 조는 바람에 모터가 불탔던 때를 제외하고는 내가 퇴사할 때까지도 끄떡없이 사용되고 있었다. 앞에서 언급한 천일기계의 3단 오븐도 국내에서 제일 큰 오븐이었고 다른 설비들도 필요하다면 언제든 최고를 구입해 썼다. 또 이때부터는 국내를 벗어나 해외에서 기계를 들여오기 시작하셨다. 첫 번째가 호사카 아이스크림 기계였다.

일본과 교류가 많지 않았던 시기였고 아이스크림도 생소했던 시기에 호사카 아이스

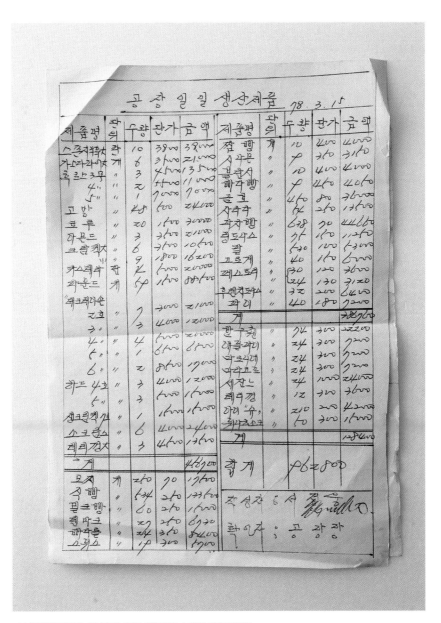

* 나폴레옹제과의 생산일지. 작성 책임자가 서정웅 명장이었다.

크림 기계를 들여놓으셨다. 그리고 동경 피에스몽테에 근무하던 스즈키 씨를 초청해 아이스크림 만드는 법을 전수받도록 했다. 스즈키 씨는 사과, 딸기 등 어떤 재료든 희망하는 재료에 콘덴스 밀크와 에버 밀크만 넣으면 아이스크림을 만들 수 있는 방법을 소개했는데, 유지방 함량, 당도 계산법 등을 알려주는 대로 노트 정리해서 스즈키 씨에게 보여 줬더니 아주 잘했다면서 칭찬해 주었다. 이것이 우리나라에서 최초로 나폴레옹이 아이스크림을 만들어 팔게 된 계기였고 그 인기 또한 대단했다. 특히 슈 껍질에 아이스크림을 넣어 판매한 슈 아이스크림은 만들기가 무섭게 날개 돋친 듯 팔려나갔다.

나를 동경제과학교에 유학 보낸 강 사장님의 결단은 사실 롤케이크 한 가지 제품만으로도 보상받고 남았다고 할 수 있다. 그때까지 우리나라의 롤케이크는 밀가루와 설탕이 많이 들어간 시트에 캐러멜색소로 무늬를 짜 넣고 구워, 뜨거울 때 말아 놓았다가 잘라 파는 딱딱한 제품이었다. 충전물도 잼 정도를 발라 마는 것이 그나마 최상이었다. 그러나 내가 일본에서 배워온 롤케이크는 밀가루보다는 달걀이 많이 들어간 부드러운 시트였고, 구운 뒤 차갑게 식혀 버터크림 등을 맛있게 샌드해 마는 것이었기 때문에 얼마든지 응용이 가능했다. 겉껍질 색깔 또한 무늬를 넣지 않아도 아주 맛있는 미색으로 빛나 내가 귀국 후 나폴레옹의 신제품으로 내놓았을 때는 매일매일 아무리 만들어도 모자라는 히트상품이 되었다.

　1977년 말쯤에는 국내에 막 소개되기 시작한 코마 도우컨(도 컨디셔너)이 나폴레옹에 도입되었다. 코마 도 컨디셔너는 대아상교 김천길 사장님이 일본 도비데코르를 통해 우리나라 전시회에 출품함으로써 소개됐는데 나폴레옹과 부산 고려당 등 몇몇 대형업소들이 차례로 설치했다. 도 컨디셔너가 지금은 아주 보편적인 시설로 이용되고 있지만 그 당시에는 아주 획기적인 최고가의 설비였고 이로 인해 생산성도 향상되고 제품 다양화도 촉진되는 계기가 되었다.

　이때 급속 냉동고도 함께 들어와 내가 일본에서 유망한 품목이라고 눈여겨 배워온 냉동반죽 쿠키도 본격적으로 생산을 시작했다. 도비데코르는 기계만 파는 것이 아니라 기술도 함께 보급했는데 부산 고려당에 컨디셔너가 들어갈 때는 기술상무였던 구사노 씨가 와서 데니시 페이스트리를 소개했다. 기술 욕심이 많았던 나는 부산까지 내려가 그쪽 사장님의 눈치를 받으며 세미나에 참가하기도 했다.

　도 컨디셔너를 들여놓으면서 나에게는 평생의 선물 같은 새로운 인연도 생겼는데 그 사람이 바로 도비데코르의 사장인 후쿠시마 타쿠지(福島卓次) 사장이다. 후쿠시마 사장은 기계에 대한 지식도 해박했지만 일본 전역과 중국, 동남아 등을 상대로 사업을 했고, 본사가 있는 유럽의 제과제빵업계에도 매우 밝았기 때문에 빵, 과자와 관련된 거의 모든

* 동경제과학교 유학에서 배워와 당시 롤케이크 제조방식과 다른 방법으로 출시한
  버터롤케이크는 나폴레옹 최고의 히트상품이 되었다.

사항을 협의할 수 있었다. 무엇보다 신의와 성실이 돋보이는 사업스타일이어서 내 성격과도 잘 맞았다. 설비공급사 사장과 고객의 관계를 넘어 제과사업의 동반자로 같이해온 후쿠시마 사장과의 여정은 이후 40년 넘게 계속 유지되고 있다.

꿈에 그리던 내 집을 마련하다

결혼한 해 연말에 큰딸 지은이를 낳았다. 자고 일어나면 방안에 얼음이 얼어 있던 단 칸방이었지만 희망을 가지고 살았다. 일본 유학을 다녀와 큰아들 형준이를 낳은 75년 이후에도 여전히 셋방을 옮겨가며 삼선교 근처에서 살았다. 그 사이 딱 한 번 아무리 노력해도 생활이 나아지지 않아 힘들 때 스카웃 제의를 받은 일이 있었다. 지방 모제과점에서 많은 봉급을 제안하며 다가왔을 때 처음으로 심각하게 이직을 고민했었다.

시골과 서울 두 집 생활비와 이전에 진 빚, 집안 대소사 등, 초기 공장장 봉급으로는 감당하기 힘든 상황의 연속이었다. 며칠을 고민하다 강 사장님께 솔직히 말씀을 드렸다. 강 사장님께서는 이제 다시 다른 곳에 가면 거기서 새로 자리잡기 힘들 테니 그냥 있으라며 봉급을 올려주셨다. 그때 상황을 생각하면 부끄럽기도 하지만 강 사장님께 대한 고마움이 더 크게 다가온다.

유학을 다녀와서 공장도 안정되고 내 급료도 다른 제과점 A급 공장장들의 두 배쯤으로 올랐을 때 아내는 먼저 집부터 사자고 했다. 그때부터 아내는 그런 분야에 남다른 안목이 있었던 것 같다. 그때도 모아둔 돈은 없었다. 하지만 아내는 여기저기 수소문해 봉천동 산꼭대기에 조성한 국회 단지를 찾아냈고 다시 빚을 얻어 분양을 받았다. 대지 43평에 계단식 타운하우스 같은 주택을 내 평생 첫 번째 집으로 마련했다.

그 당시 금액으로 3백만 원쯤 했고, 방이 3개에 거실도 목욕탕도 훌륭했다. 그전에 살던 집들에 비하면 나에겐 아방궁이었다. 제일 먼저 강 사장님께 말씀드렸더니 내외분이 함께 오셔서 축하해주고 1백만 원을 놓고 가셨다. 그것은 더 큰 마음의 빚이었고 우리 부부에게는 너무 감사한 일이었다. 집을 산 1977년 가을에 시골에 홀로 계신 어머님도 모셔 오고 그해 말에 둘째 아들 호준이를 낳았다.

지금 뒤돌아보면 이때가 내 인생에서 가장 행복한 때가 아니었나 생각된다. 그때까지 그렇게 평탄한 인생을 살아온 것도 아니었고, 그 이후에 더 좋은 일도 많았지만 인간이 누릴 수 있는 최소한의 행복들이 그 시기 그 새집 안에 모두 있었다. 내가 하는 일도 계속 상승 곡선을 타고 있었다. 나폴레옹제과는 고려당이나 뉴욕제과 같은 프랜차이즈 업체를 제외하고는 대한민국에서 가장 규모도 크고 인기 있는 제과점으로 성장했고, 나 또한 그곳의 공장장으로 제과기술계에서의 입지도 어느 정도 인정받는 위치에 서 있었다.

* 1977년 처음 봉천동에 내 집을 마련했다.
  그 이후 가족과 함께 나들이도 처음 했던 것 같다.

그러다 보니 여기저기서 기술적 자문을 받으러 오는 사람들도 많아졌고, 잘 키워 낸 후배들을 소개해 달라고 부탁해 오는 경우도 많았다. 이때 내가 늘 마음속에 되새기고 다짐한 것이 '기술에 대한 겸손과 인성'이었다. 이것은 사람에 대한 나의 판단 기준이기도 했다. 때로는 '참 뻣뻣한 사람'이라는 평판도 들었으나 대개는 '틀림없는 사람'이라 했다. 내가 소개한 사람은 틀림없이 일도 잘했기 때문이다.

나 또한 후배들에게 부끄럽지 않은 우리나라 최고기술인 반열에 오래도록 있고 싶었기 때문에 한 치의 빈틈도 없이 내 일을 잘해 나가려고 노력했다. 통행금지 사이렌이 있던 시절, 12시 통금 사이렌에 맞춰 잠자리에 들고 4시 해제 사이렌 소리와 함께 일어나는 생활을 이때도 쭉 지켜 했고, 한번 마음먹은 일은 무엇이 됐건 그대로 실행하며 내 직분을 다했다.

제과입문 19년 만에 내 가게를 열다

나의 꿈은 항상 최고의 기술인이 되는 것이었다. 그렇기에 결혼 후 아내가 사업을 권유했을 때도 공부가 더 필요하다고 했었다. 적어도 초보자 시절부터 품어온 '기술 배우는 데 10년, 공장장 10년'만큼은 꼭 지켜 최고 기술인 반열에 오르려 애써왔다. 모든 부분의 A클래스를 목표로 했고 그만큼 열심히 했다. 그러다 보니 제과점 입문한 지 19년이 되던 해 내 위치는 현직 기술인 중에서는 최고의 대우를 받는 자리에 올라 있었다. 보통 수준의 제과점 공장장 평균 월급이 20만 원선이었고, A급 공장장이 30만 원쯤 받고 있는데 비해 나는 월 60만 원을 받고 있었다. 그 당시 대기업 간부나 고위직 공무원과 비교해도 결코 낮은 수준이 아니었다.

사실 그때는 내가 그만큼의 대우를 받고 있는지도 실감 나지 않았었다. 오히려 그런 자만보다는 어떻게 하면 내 일을 더 잘할 수 있을까, 더 좋은 방법은 없을까를 연구하는 데 대부분의 시간을 쓰고 있었다. 그런데 아내의 생각은 점점 자기 사업을 시작할 때가 왔다는 쪽으로 기울어가고 있었다. 아이들도 커가고 어머님도 모셔 왔으니 자기도 나와 함께 사업을 시작해야겠다고 마음먹고 나를 설득하기 시작했다.

이미 장사를 시작한 후배들이나 친구들에게 좋은 자리가 있는지 알아봐 달라고 부탁도 하고 나에게는 35세가 되면 사업을 시작하겠다고 약속하지 않았느냐며 용기를 줬다. 처음에는 반신반의하던 나도 나중에는 내 모든 길 딛져 내 자신을 시험해보고 싶다는 마음이 들기 시작했다. 더 이상 다른 말이 떠돌기 전에 강 사장님께 말씀드리는 것이 좋을 것 같아 내 가게를 시작하고 싶다는 말씀을 드렸다.

강 사장님은 흔쾌히 그럴 때가 됐다며 사업을 시작하되 나폴레옹과 관계를 끊지 말고 시작해보라 하셨다. 상호도 나폴레옹을 쓰고 그해 말까지는 일주일에 한 번 정도는 본사에 와서 계속 관리해줄 것을 부탁하셨다. 그러면서 후임 공장장도 잘 선정해 무리 없이 업무가 연계되도록 해달라는 말씀도 덧붙이셨다. 내 후임으로는 가장 성실히 나를 보좌해왔고 자질도 훌륭한 서정웅 씨를 추천해 허락을 받고 업무 인계를 준비했다.

이제 내 사업을 시작할 모든 준비가 마쳐진 듯했다. 그러나 제일 큰 문제는 가게 입지를 정하는 문제였다. 나폴레옹 본사에서 가깝지 않고 앞으로 발전 가능성도 있는 곳이어야 했는데 모아둔 돈도 없었던 상태라 쉽게 좋은 자리를 찾을 수 없었다. 그러던 중 강기식이라는 후배가 적당한 자리가 나왔다며 추천한 곳이 바로 마포경찰서 옆 가게였다. 경찰서 바로 옆에 붙어 있는 가게라는 점이 장점일 수도 있고 단점일 수도 있겠다는 생각으로 시장조사를 해봤다. 그 당시 여의도가 막 뜨던 시기였고 마포에서 큰 제과점이 있는 광화문까지는 버스로 20분 정도가 걸리는 상황이라 마포 손님과 여의도 손님만 잡아도 괜찮겠다 싶었다.

많이 망설여지기도 했으나 아내의 강한 권유와 죽을힘을 다하면 비록 작게 시작하더라도 승산이 있을 것이라는 믿음으로 가게를 계약했다. 봉천동 집을 담보로 은행에서 돈을 빌려 계약금을 치르고 공사에 들어갔다. 강 사장님께서도 처음 장사를 시작할 때는 어느 정도 빚을 져야 열심히 한다며 선뜻 1천만 원을 빌려주셨다. 물론 이 빚은 그 어떤 빚보다 먼저 갚았지만, 그만큼 감사하고 힘이 되었다. 개업 준비는 빠르게 진행됐다. 인테리어는 꼭 필요한 만큼만, 기계 설비는 최소한으로, 쇼케이스조차 세진에서 할부로 들여와 준비를 마쳤다. 1979년 9월 7일, 내가 제과 일에 입문한 지 꼭 19년이 되던 해 마침내 아현동 마포경찰서 옆에 내 가게를 열었다.

* 1979년 9월 7일, 나의 첫 가게를 오픈했다. 이때의 사진은 유일하게 딱 한 장 남아있다.

그래도 처음은 순탄치 않았다

20년 가까이 공부하고 시작한 가게였지만 첫 시작은 순탄치 않았다. 개업 첫날 매출은 11만 원. 40년이 더 지난 지금까지도 그 금액은 잊히지 않는다. 매장과 공장을 모두 합해도 12평이 채 안 되는 조그만 가게, 경찰서 입구 옆에 위치한 낮고 허름한 건물, 직원도 나폴레옹에서 데려온 2명과 나, 그리고 아내가 전부였다. 기계는 빵 믹서 10kg짜리 1대, 케이크 믹서 1대, 발효기 1대, 3매 3단 가스오븐 1대, 작업대 하나를 공장에 배치하고 나머지 공간에 빵 진열대와 쇼케이스를 놓고 나니 번듯하게 의자 하나 놓을 자리가 없었다.

매일 봉천동에서 새벽 첫 버스를 타고 5시에 가게에 도착하여 그날 팔 케이크에 데커레이션을 하고 빵 상태를 점검하여 포장, 진열하고 가게를 열었다. 아내는 아내대로 새벽부터 직원들 먹을 반찬을 만들어 들고 와서 8시 식사시간에 맞춰 밥을 지었다. 아침 같이 먹고, 하루 종일 좁은 공장에서 일하다 고단하면 슬래브지붕 같은 옥상에 올라가 잠깐 쉬다 내려오는 정도를 제외하곤 오직 일만 했다. 잠은 머리 둘 데만 있으면 된다고 생각할 만큼 단순하게 생활하며 제품 만드는 일에 집중했지만 매장에서 일어나는 상황만큼은 늘 신경 썼다.

공장장 시절부터 손님들이 무얼 원하는지 알기 위해서는 직접 만나는 게 중요하다는 길 잘 알고 있었다. 때문에 그때도 어려운 주문은 내가 직접 받았고 무엇이 잘 팔리는지 수시로 매장을 체크했다. 직접 대면의 중요성을 잘 알고 있었던 나와 아내는 어떤 경우에도 한 사람은 꼭 가게를 지키는 것을 철칙으로 삼았다.

그렇게 열심히 했는데도 초창기 매출은 좀처럼 오르지 않았다. 오히려 첫날 매출보다 떨어져 몇만 원밖에 팔지 못하는 날도 있었다. 다행인 것은 개업 선물로 들어온 재료들이 크게 도움이 되었다는 점이다. 그때는 개업 선물로 동료와 지인들이 중요한 재료들을 선물하기도 했는데, 밀가루와 설탕을 합해 100포, 마가린 100개, 달걀 등이 많이 들어와 1달 정도는 큰 부담 없이 제품을 만들 수 있었다.

비록 초창기 매출은 적었으나 내가 추구하는 것은 항상 A클래스였다. 최고의 제품을 만들어 품질로 인정받고 싶었지 저급 재료나 가격 경쟁은 나의 사전에 없었다. 강 사장님도 늘 그 점을 강조하셨다. 따라서 재료도 항상 최고만을 고집했다. 버터도 남대문시장에 직접 가서 남들이 잘 사용하지 않던 장교버터(2㎝ 사각으로 떨어지는 아주 비싼 수입 버터였음)를 사다 마가린과 섞어 썼고, 프루츠 통조림, 체리, 프룬, 건포도 등의 수입 재료도 사다 썼다.

* 아내는 천부적이라 할 만큼 가게 운영에 소질도 있었고 열심히 했다. 인테리어를 바꾸기 위해
  작업 중인 아현동 가게 모습. 아내와 나는 모든 일에서 한시도 가게를 떠나지 않았다.

그렇게 만들어진 제품이었기에 내 제품은 소중했다. 그날 만든 식빵이 다 팔리지 않을 것 같으면 늘 식빵이 모자랐던 본사에 보내 팔도록 하고, 남은 빵들은 경칠시 진경들에게 주거나 동사무소에 보내 불우 시설에 기증을 하더라도 싸게 팔거나 다음날 파는 짓은 하지 않았다. 매일 새 빵을 만들었고 더 맛있는 케이크를 만들려 애썼다.

그러다 탈이 생겼다. 개업 17일 만에 아내가 과로로 쓰러지고 말았다. 아무리 어려워도 아내의 일을 덜어줘야 했다. 판매원 두 사람을 고용해 교대로 근무하게 했다. 한번은 아내가 무거운 반찬을 들고 만원 버스를 탔다가 버스가 급정거하는 바람에 넘어져 많이 다치는 일도 있었다. 그렇지만 아내는 다친 몸을 이끌고 일을 쉬지 않았다. 그만큼 억척스럽게 일했다. 빵 만드는 일, 맛을 내는 일은 내가 맡았으나 나머지 모든 일과 장사는 아내 몫이었고 아내는 마치 타고난 사람처럼 그 일을 잘 해냈다.

맛있고 기다릴 줄 알면 팔린다

매출 올리기가 얼마나 어려운지 알 수 있는 에피소드가 하나 있다. 장사가 좀처럼 좋아지지 않아 처음으로 내 제품이 아닌 남의 제품을 만들어 판 일이 있다. 독일빵집에서 파는 스펀지케이크가 인기가 높다 하여 나도 만들어 내놓았으나 몇 달 동안 단 한 판도 팔리지 않았다. 고방카스텔라 형태로 만들어 보통 카스텔라의 절반 크기로 잘라 파는 제품이었는데 안 팔려도 줄기차게 만들었다. 그랬더니 12월 들어 1~2판씩 팔리기 시작했다. 역시 남의 것은 남의 것이라는 사실과 신제품도 어린아이 키우듯 해야 살아남는다는 것을 확인시켜 준 경험이었다.

다행인 것은 그 동네에 빵집이 생겼다는 것을 주민들이 알게 되면서 알게 모르게 조금씩 매출이 나아지기 시작했다. 일손이 더 필요했고 공장 식구도 한 사람 늘렸다. 나폴레옹 때부터 모임이 만들어졌던 거암회 식구들이 수시로 도와주고, 방위 근무를 하던 홍종식 후배도 시간이 날 때마다 찾아와 일을 덜어줘 큰 도움이 됐다. 그러나 매출이 나아지는 정도는 아주 미미해서 가게가 잘 성장해 간다는 느낌을 받기는 어려웠다.

그러다가 결정적인 계기가 찾아왔다. 가게를 연 지 4개월이 안 돼 그해 크리스마스

* 1980년대 나폴레옹에서 초청한 일본기술인으로부터 기술 전수를 받고 있다.
  내 가게를 오픈한 이후에도 일정 기간 나폴레옹 본점 업무를 봤다.

를 맞았다. 처음 맞는 크리스마스인지라 온 정성을 다해 성탄 케이크를 준비했다. 1년에 한 번 맛보는 크리스마스 케이크가 정말 맛있었다는 평가를 받고 싶었다. 예상은 적중했다. 우리 케이크를 먹어본 사람들이 모두 그 집 케이크가 맛있었다는 평가를 한 듯 다음 날 부터 손님들이 눈에 띄게 늘어났다. 그러면서 단팥빵도, 밤만주도, 롤케이크도 더 많이 팔리기 시작했다. 음식 장사는 다른 무엇보다도 맛이 제일 중요하다는 사실이 증명되는 순간이었다.

사실 내가 가장 자신 있는 분야가 맛을 내는 일이었다. 물론 장식 꽃도 남 못지않게 잘 짤 수 있었고, 공정을 지켜 곧이곧대로 제품을 만드는 일도 성실하게 잘 할 수 있었다. 그런데 감사하게도 맛에 대한 감각은 천부적으로 타고난 것 같았다. 음식점에 가도 까다로운 입맛 때문에 늘 예민해지기 일쑤였는데, 가격이 비싸거나 모양이 허술한 건 참아도 맛이 없는 건 참을 수가 없었다. 그렇기에 내 머릿속에는 항상 '맛있는 빵, 맛있는 과자'가 머리띠처럼 붙어다녔다. 모든 제품을 '맛있고 깨끗하게 만드는 것', 이것이 음식 장사의 최우선 조건이다.

그리고 음식장사는 반드시 맛으로 소문난 히트상품이 하나는 있어야 한다. 첫 크리스마스를 보내고 이듬해 봄, 마침 식료품점을 하던 바로 옆 가게가 문을 닫는 걸 인수해 가게를 두 배로 넓히고 아현동 가게의 인지도가 점점 올라갈 무렵, 그런 상품이 하나 개발됐다. 그 당시 책임자로 있던 전동수 공장장이 개발한 밤 식빵이다.

어떻게 알고 왔는지 어느 날 밤, 통조림을 만들고 남은 쪼가리 밤들을 싸게 줄 수 있다는 사람이 찾아왔다. 제품 개발력이 있는 가게라는 것을 수소문해 알고 찾아왔겠지만 이것을 식빵에 넣어 만들면 어떨까 하는 아이디어를 공장장이 냈고, 흔쾌히 해보라 했는데 그것이 의외로 맛있었다. 우유식빵이나 옥수수식빵이 주로 팔리던 시기에 전혀 새로운 밤 식빵이라는 신제품이 태어났고, 아현동 나폴레옹의 주력상품으로 떠올랐다.

물론 맛있는 제품이라고 해서 그냥 진열만 해놓은 것은 아니다. 거의 모든 손님이 맛보았다 할 수 있을 만큼 시식을 권유했고, 뜰 때까지 어르고 달래며 기다렸다. 밤 식빵은 지금도 리치몬드의 대표상품 중 하나이고, 한때는 하루 270봉까지 팔리는 대박 상품이었다. 밤 식빵이 뜨자 쪼가리 밤은 밤 다이스가 되어 유통되기 시작했고, 너나 할 것 없이 거의 모든 제과점에서 밤 식빵을 판매하기 시작했다.

* 아현동 나폴레옹제과의 첫 번째 개발상품이자 히트상품인 밤식빵

정직하고 세심하게 – 관리의 비결

첫 크리스마스 이후, 매출이 늘어가면서 고객들의 구매 패턴을 보고 느낀 점이 있다. 케이크가 맛있어 다시 찾은 빵집이지만 손님들이 주로 사가는 제품들은 집어가기 쉬운 제품들이었다. 단과자빵부터 식빵, 밤 만주, 도넛 등 부담 없이 사갈 수 있는 제품이 주를 이루었고, 생일이나 행사가 있을 때에만 케이크를 사갔다. 그런데 역으로 밤 식빵이 잘 팔리면서 케이크 매출이 그 전보다 더 많이 오르기 시작했다.

아이러니하게도 케이크가 맛있으면 손쉬운 빵들이 잘 팔리고, 빵이 잘 팔리면 케이크 매출도 덩달아 올랐다. 그래서 나름 정립한 공식이 첫 번째가 맛있을 것, 두 번째가 손쉬운 빵들을 잘 만들 것, 그러면 제과점은 잘 된다는 것이었다. 그래서 내가 늘 후배들에게 하는 잔소리 중의 하나가 "빵이 맛있어야 케이크도 잘 팔린다."는 것이다.

그리고 한번 소문이 나면 장사는 탄력을 받아 더욱 잘되나 이때가 더 주의해야 할 때라는 것이다. 제품이나 직원 관리가 소홀해지면 거품은 금방 꺼질 수 있다. 장사는 그래서 365일 마음을 놓을 수 없다. 어쨌든 매장도 두 배로 커지고 매출도 그 이상 늘어가자 직원 수도 늘고 챙겨야할 것도 갈수록 많아졌다. 시간에 쫓겨 잘못된 제품이 나오지 않

* 첫 크리스마스 이후 매출이 급속히 늘기 시작했다.
  당시의 케이크 진열장과 케이크의 모습

나 늘 먹어보고 손님들의 반응은 어떤지 살피기를 게을리하지 않았다.

'양심적으로 정직하게' 장사하겠다는 초심을 잃지 않으려고 혹시 다른 재료, 잘못된 배합이 사용되지 않나 항상 체크해야 했다. 이때도 유용한 것이 기록이었다. 나의 기록하는 습관은 계속 이어지고 있었는데 매일의 매출을 기록하고 사용된 비용과 재료 사입, 그날의 특이사항 등이 항상 정리되었다.

한번은 이런 일도 있었다. 마가린 가격이 오른다 해서 한 번에 많은 양을 주문한 적이 있었는데 그날 전표와 재고를 맞춰보니 30박스 정도가 부족했다. 재료업체에 항의하니 기사가 물건을 다 내린 척하고 다시 30박스를 싣고 갔다는 것이 밝혀져 찾아왔다. 세심하게 관리하지 않으면 언제나 새는 구석이 생기기 마련이다.

나는 수시로 전기세와 수도세, 가스요금 같은 것도 체크해 제품 생산량은 적은데 전기 사용량이나 가스 사용량이 많으면 공장장과 함께 그 이유를 점검하기도 했다. 이것은 큰 차이가 나는 것은 아니지만 그만큼 세심히 챙긴다는 경각심을 주기 위한 것이기도 했다. 빵 포장지 한 장도 소홀히 하지 않는 세심함이 필요한 것이다. '정직하고 세심하게', 이것이 내가 초심을 지키고 사업을 관리해 온 기본이다.

다시 해외로, 더 큰 그림을 그리다

또 한 가지는 머물러 있으면 안 된다는 것이었다. 움직이지 않으면 퇴보하거나 도태된다. 보다 큰 그림을 그리고 준비해서 때가 오면 언제든 날아오를 줄도 알아야 한다. 그러기 위해서는 나의 안목을 더 높여야 한다. 방법은 더 발전된 곳, 앞서가는 나라들을 많이 보는 수밖에 없었다.

아현점이 궤도에 올라 안정적인 성장을 이어가고 있을 때쯤, 나는 나의 눈을 해외에 돌리고 있었다. 가까운 일본부터 다시 한번 보고 싶었다. 유학을 다녀온 지도 어언 7년이 흘렀고, 내 가게를 시작한 지도 3년이 지났다. 새로운 것, 더 높은 곳에 대한 나의 갈망이 커졌을 때 마침 후쿠시마 사장으로부터 일본 모박쇼(MOBAC SHOW)에 한번 와보지 않겠느냐는 제안이 왔다. 너무도 반가운 소식이었다. 지금 생각해 보면 일본의 대표적 제과제빵 관련 전시회인 모박쇼가 그때 막 시작되던 시기가 아니었나 생각된다.

대부분의 우리 제과점들이 함석을 두드려 만든 발효실에 물을 끓여가며 습도를 맞추던 시절에 일본과 유럽의 발전된 제과제빵 설비와 기기, 재료들을 한눈에 볼 수 있다는 것은 행운이었다. 그때가 1982년 8월, 그 무더운 날씨도 나의 호기심에는 장애가 되지 못했다. 김태성 씨와 함께 꼬박 1주일을 돌아다니며 전시장과 동경의 가게 몇 곳을 주의 깊게 보는 데 힘을 소진했으나 눈은 가볍고 마음은 뿌듯했다. 그러면서도 한편으로는 동경제과학교에 유학했을 때처럼 그들과 함께 직접 제품을 만들어보고 그들의 작업 환경이나 현장에서 쓰는 배합과 재료들을 직접 경험해보지 못한 데 대한 아쉬움이 남았다.

성격상 해보고 싶은 것, 특히 기술에 관련된 것만큼은 꼭 해봐야 직성이 풀리는지라 다시 후쿠시마 사장에게 부탁해 이번엔 아예 두 달 정도의 계획을 잡고 일본제과점 현장 연수를 떠났다. 이번에도 김태성 씨와 함께였다. 1983년 1월 9일부터 3월 10일까지 도비데코르가 운영하던 로아몬드 과자점을 비롯, 도쿄의 후란마리온과 오오모리의 기에 등 4개 업체를 15일씩 돌아가며 공장에 들어가 직접 일본 기술인들과 함께 그들 방식대로 일하며 체험했다.

당시로서는 생각할 수 없는 파격적인 연수였다. 기술뿐만 아니라 각 가게마다의 특성과 사업주의 경영철학 등 정말 많은 것들을 느끼고 배우고 돌아왔다. 이 2번의 해외 경험이 나에게는 나의 안목을 높이는 계기가 되었을 뿐만 아니라 내가 미래를 위해 더 큰 그림을 그릴 수 있게 하는 계기가 되었다.

그 이후 나는 내 가게를 더 수준 높고 규모 있게 오래오래 전통 있는 가게로 키워나 갈 방법을 생각하기 시작했다. 그런데 그렇게 해야만 하는 계기가 의외로 빨리 다가왔다. 국회가 여의도에 자리잡은 후 각 방송사와 증권거래소 등 주요 금융기관과 관련 업체들이 연이어 들어서고, 국가의 주요 행사가 대부분 여의도 광장에서 개최되는 등 여의도의 기능이 갈수록 중요시되었다.

이에 따라 여의도에서 청와대까지 VIP도로를 만든다는 계획도 들리고 마포대교에서 공덕동 로타리까지 도로를 넓히는 공사도 진행되고 있어 우리 가게가 언제 헐릴지 모른다는 불안감이 있었다. 만약 그렇다면 합당한 자리를 알아봐야 했다. 사실 아현동 가게는 위치로 보나 건물의 규모로 보나 발전 가능성이 그다지 높은 곳은 아니었다. 여기저기 자리를 알아보고 다니던 중 아현동 가게와는 상권이 다른 홍대 앞을 눈여겨보다 마침 건물을 올리기 위해 기초공사를 하고 있는 한 곳이 눈에 띄었다.

홍대 앞, 운명의 자리를 만나다

1983년의 홍대 앞 상권은 지금과는 비교도 할 수 없을 만큼 작았다. 차도 별로 다니지 않는 거리였고, 지하철도 개통되기 전이었다. 홍대 정문 앞 거리에만 가게들이 있어 조금 번화했고, 그 외의 지역은 주택이 많은 한적한 동네였다. 하지만 대학부터 초등학교까지 모두 한곳에 모여 있어 학생들이 좋아하는 제과점들이 많았다. 서림제과를 비롯해 뉴욕제과, 알프스제과점 등이 있었고, 내가 개업한 이후에도 가나안제과와 오페라 등이 모두 한 골목에서 영업할 정도로 제과점 경쟁이 치열한 곳이었다.

우리가 처음 홍대 앞쪽을 알아보고 있다고 했을 때도 주변의 반대가 많았다. 사람도 많지 않고 경쟁만 치열하다는 것이 그 이유였다. 하지만 나와 아내는 분명히 가망성이 있다고 보고 이제 막 땅을 파고 골조가 올라가기 시작한 건물을 마음에 두었다. 당시 홍대 정문 앞 거리에서는 보기 드문 번듯한 3층 건물이었고, 한 개 층이 100평씩이나 되는 큰 건물이었다. 무엇보다 기대가 되는 것은 멀지 않은 곳에 지하철 2호선 홍대입구역이 생긴다는 점이었다. 아현동 가게는 점점 많이 알려져 멀리서 자가용으로 빵을 사러오는 손님도 늘어가고 장사 재미도 쏠쏠했다. 하지만 더 크게 안정적으로 성장해 갈 장소가 필요했다.

정식 계약을 하기 전 아내는 어떻게 알았는지 새 건물 지하에 여의도 사람이 한남수퍼를 오픈하려 한다는 걸 알고 함께 협의하여 유리한 조건으로 계약을 끌어냈다. 다행히 건물주는 아주 좋은 분이었다. 기본 계약 기간을 5년으로 하고 5년 동안 월세를 올리지 않으며 그 이후에도 물가 상승률 이상 월세를 올리지 않는다는 조건으로 계약을 해주었다. 당시 계약 조건으로는 아주 파격적이었다.

그때까지 임대차 계약은 매년 갱신하는 것이 관례였고 해마다 임대료가 인상되던 시기였다. 임대차 계약이 2년으로 보장되기 시작한 해가 1989년 말이고, 2013년 8월이 지나서야 5년 임대가 보장되었으니 30년을 앞선 유리한 조건이었다. 건물 1층에 공장을 포함해 40평을 계약했고, 인테리어부터 기계 설비 등 모든 것을 최상급으로 추진했다. 5년이라는 기간이 보장됐으니 마음 놓고 투자할 수 있었고, 아직 완전히 지어지지 않은 건물이라 제과점에 맞게 미리 내부시설들을 조정할 수 있었다.

1983년 11월 아현동 가게를 연 지 4년 만에 홍대 앞에 2호점을 개점했다. 물론 그때도 상호는 나폴레옹을 썼고, 지하철 2호선이 완전 개통되던 1984년 5월까지는 장사가 썩 잘되는 편이 아니었다. 초기에는 아현동 가게를 다니던 손님들 중 서교동과 동교동에 사시던 분들이 반갑게 찾아주었고, 학생들도 하나둘 들어오기 시작했다. 다행인 것은 지나가는 학생들의 평가였다. "저 집은 빵은 맛있는데 가격이 비싸!" 그렇다면 성공

이다. 맛있는 빵은 제값을
받아야 하고 맛있으니 언제
든 다시 찾을 것이다. 예상
은 적중했다.

　지하철 2호선이 개통되
자 서서히 손님이 늘어나기
시작했다. 그러다가 어느 시
점이 지나고부터 전철이 도
착하면 손님들이 밀물처럼
들어오고 그 손님들이 빠질
만하면 잠시 후 다시 손님들
이 밀려 들어오기를 반복하
기 시작했다. 게다가 홍대 앞

* 리치몬드 과자점이 도약하는 데 결정적 바탕이 된 홍대점의 초창기 모습

거리를 걷고 싶은 거리로 조성하는 등 마포구의 개발 계획에 따라 더욱 상권은 커져갔
다. 아현동 가게의 2배 크기로 시작했지만 금세 장소가 비좁아졌고 1층 매장을 80평으로
늘리고 지하 100평을 모두 공장으로 사용해야 할 정도로 규모가 커졌다. 매장을 넓힐 때
마다 건물주에게 자진해서 월세도 올려주겠다고 했다.

최초의 유럽연수, 내 길을 보았다

홍대점이 궤도에 올라 어느 정도 안정돼 가고 있을 때즈음 나는 또 다른 도전을 생각하고 있었다. 빵, 과자의 본고장 유럽을 직접 경험해 보고 싶었다. 해외여행 자체가 어려울 때 일본 유학을 다녀왔으나 그때 간접적으로 접한 유럽의 진면목이 늘 궁금했다. 해외여행 규제는 조금 완화됐으나 아직도 다니기 어려운 시기였고, 더구나 해외 빵, 과자 업계를 돌아볼 프로그램 같은 건 우리나라에는 없어 동경제과학교 졸업반 연수단에 합류할 수 있는지 문의했다. 가능하다는 답을 듣고 고인이 되신 세진쇼케이스 양구하 사장님과 함께1984년 10월, 유럽 5개국 연수길에 올랐다.

연수 비용으로는 상당히 큰 금액이었지만 새로운 도약을 위한 투자라 생각했고, 우리나라 제과인 중에서는 최초의 유럽업계 견학이었다는 데 의미를 두었다. 그런데 그 여행이 나의 눈을 더 높이, 더 크게 볼 수 있게 해줬다. 내 직업의 무한한 가능성과 긍지를 보았고, 제품 하나하나에 담긴 이야기와 빵 향기에 흠뻑 젖어 다녔다. 스위스 루체른에 있는 리치몬드학교에서 3일간 연수를 받았는데 마지막 수료식에서 내가 준비해 기증한 신라 금관모 제품은 아마 지금도 그 학교에 진열돼 있을 것이다.

그날 저녁 파티에서는 생전 처음 유럽 와인도 마셨는데 그 부드럽고 오묘한 맛에 취해 나는 하늘이 뱅뱅 도는 것을 느꼈고, 같이 간 양 사장님은 다음날 일정에 참석하지 못할 성노로 낳이 마셨다. 구겔호프를 비롯한 스위스 과자들을 직접 만들어 보고, 오스트리아 케이크의 깊이와 스토리에 감탄하고, 독일 빵의 광대함에 매료돼 그 이후에 우리 가게의 빵은 독일식을 기본으로 하게 됐다.

리치몬드라는 우리 상호도 그때의 감동으로 마음속에 간직해왔던 상호이고, 그 후 일본에서 결성된 리치몬드클럽에도 가입하여 쭉 활동해왔다. 무엇보다도 그 여행은 나에게 내가 걸어온 길이 잘못되지 않았다는 것과 더 큰 꿈을 꾸어도 좋다는 확신을 심어주었다.

첫 번째 꿈은 적어도 1년에 한 번 이상은 해외에 나가 나의 안목을 높여나가야겠다는 결심이었고, 두 번째는 내 가게를 취리히의 스프링글리(Sprüngli) 같은 멋진 업체로 키워야겠다는 것이었다. 결심한 대로 나는 매년 가까운 일본을 비롯해 유럽, 미국 할 것 없이 중요한 제과제빵전시회나 연수, 업계 시찰을 쉬지 않고 다녔고, 그 횟수는 2019년 말까지 총 208회나 될 정도였다.

유럽을 보고 온 자신감은 곧바로 가게에 적용됐다. 유럽에서 배워온 신제품 몇 가지를 곧바로 제품화했음은 물론 가족과 직원들에게도 더 깊이 있는 세계가 있음을 설명할 수 있게 됐다. 무엇보다도 내 자신이 신이 나서 내 사업을 대하게 되었고 사업은 더 활기를 띠어갔다.

리치몬드 시대를 열다

홍대점이 뜨면서 아현점의 인지도도 더욱 높아졌다. 하지만 워낙 홍대점의 제품 파워가 크다 보니 모든 사업의 초점이 홍대점에 맞춰졌고, 고객이 주로 젊은 학생층이다 보니 아현점과 홍대점의 고객층이 갈리기 시작했다. 고객들에게 아현점과 홍대점이 같은 점포라는 걸 알리기 위해 뭔가 조치를 취해야 했다. 또한 홍대점 고객들의 취향을 맞추기 위해서는 제품 변화와 대응이 빨라야 하는데 그때마다 삼선교 본점의 허락을 받아야 했다.

강인정 회장님이 호의로 내어주신 상호이고, 나폴레옹제과라는 상호로 성공했기에 다소 두려움이 없는 건 아니었지만 과감한 결단이 필요했다. 홍대점과 아현점을 아우르는 독자적 브랜드로 새 출발해야 한다는 결론에 이르렀다. 제일 먼저 나폴레옹 강 회장님을 찾아뵙고 상호를 변경했으면 한다고 말씀드렸더니 강 회장님은 흔쾌히 허락해 주셨다. 그 후 김충복 선생님을 찾아가 사정을 말씀드리고 좋은 상호의 추천을 부탁드렸으나 별말씀이 없으셨다.

몇 날 며칠을 끙끙거리다가 부산에 내려간 김에 고려당 한혜수 사장님을 만나 상의

* 홍대점 개업 후 사업은 더욱 잘 되고 지명도가 높아졌다.
  1984년도에 업계 기술인들을 대상으로 제과학교에서 기술세미나를 실시하는 모습

했었으나 만족할 만한 해답은 없었다. 그날 서울에 올라오는 비행기 안에서 '리치몬드학교'기 불현듯 떠올랐다. 내가 신앙인이었으면 아마 게시를 받았다고 할 것이다. 그토록 오랫동안 전전긍긍하며 생각을 집중했으나 떠오르지 않다가 어느 순간에, 그것도 가장 피곤함과 절실함이 뒤엉킨 그 시간에 구름을 뚫고 나타나는 보름달처럼 떠오른 이름이 리치몬드였다.

'리치몬드라면 좋다. 고급스럽고 유서 깊은 학교의 이름이 연상된다면 내가 꿈꾸는 제과점 이미지와도 100% 부합된다. 상징 색도 내가 좋아하는 곤색이다.' 그렇게 해서 결정된 상호 '리치몬드과자점'은 1985년 초가을 간판을 바꿔 달고 새 출발 했다. 상호가 확정되고 내가 제일 먼저 한 일은 리치몬드라는 이름으로 상표등록이 가능한지를 알아보고 리치몬드와 관련된 정보들을 모으는 일이었다. 리치몬드의 제과 관련성과 지명이 갖는 의미 등은 후쿠시마 사장에게 자료를 부탁했고, 이를 토대로 새한특허법률사무소 김윤배 소장에게 의뢰해 상표등록도 마쳤다.

이제 남은 일은 리치몬드를 알리고 키우는 일이었다. 간판을 교체하는 것은 물론 인테리어에서부터 모든 포장재와 직원들의 유니폼도 바꿔야 했다. 바뀐 주조색 곤색을 적용해 보니 모두 잘 어울렸다. 먹는 것에 어둡고 차가운 색을 사용해선 안 된다는 선입견

* 리치몬드로 상호 변경 후 해외기술인을 초빙해 제품을 업그레이드하고
   업소 전반을 고급화하는 데 앞장섰다.

도 이때 깨졌다. 업계의 상식과는 다른 나만의 방식들이 적용되고 평가받을 수 있다는 게 매우 신선하고 좋았다.

상호를 바꾸면서 추진했던 또 한 가지 일은 모든 것을 한 단계 업그레이드하는 일이었다. 최우선적으로 해외기술자들을 초청해 제품들을 개선하고 신제품을 지속적으로 선보이는 방법을 선택했다. 그때마다 시식회도 통 크게 진행했다. 제품을 잘게 잘라 고객들이 한 조각씩 집어 맛보게 하지 않고 접시에 몇 가지 제품을 함께 담아 대접받는 느낌이 들도록 포크와 함께 제공했다. 이 방법도 적중해서 시식회가 있는 날은 가게 앞에 수십 미터씩 줄을 서는 진풍경이 벌어졌다.

내가 사업을 하면서 아끼지 않는 것 3가지가 있다. 재료 사용과 기계 설비, 그리고 마케팅 비용이다. 아무리 없는 형편에 시작한 가게일지라도 전화번호만큼은 고객들이 외우기 쉬운 번호를 사용해야 한다는 생각으로 창업 당시 집 한 채 값에 해당하는 130만 원을 주고 백색전화 9117 번호를 샀다. 그때는 전화번호를 일일이 돌려가며 통화하던 때라 좋은 번호는 그 가격이 비쌌고 또 양도양수가 가능했다. 그 전화번호는 내가 아현동 가게를 매제인 송연환 사장에게 인계할 때인 1993년까지 우리 가게의 대표전화로 썼다.

또 리치몬드로 간판을 바꿔 달고 2~3주 후에 동경제과학교 후배인 조준형 씨가 같은 골목 가까운 곳에 과자점 '오페라'를 차릴 때도 단 한마디도 하지 않았다. 대신 그 비싼 봉가드오븐을 바로 수입해 들여와 대응할 정도로 설비 투자를 아끼지 않았다. 선진기술 도입과 시식회 등도 마케팅 비용이기 때문에 아낌없이 투자했다. 내가 알고 있는 것, 지금까지 해오던 방식들을 뛰어넘어 더 발달된 기술을 적극적으로 받아들이려 애썼다.

그리고 배운 것보다 더 잘하려고 노력했다. 일본에 갔을 때 샤브레 봉지가 아주 좋아 보여 샘플로 얻어다 거래처 포장 회사에 주고 만들어보라 의뢰했다. 그랬더니 얼마 후 60~70% 비슷한 봉지를 만들어 와 이 정도면 됐지 않느냐고 했다. 하지만 나는 단호히 안 된다고 거절했다. 남의 것을 보고 만들면 그보다 더 잘 만들어야지 무슨 소리냐며 다시 만들어보라고 돌려보냈다. 서너 번의 수정을 거쳐 그 업체는 더 좋은 봉지를 만드는 데 성공했고, 그 포장업체는 그 이후 주문이 늘어 회사 자체가 크게 성장했다.

자기 레시피 모두를 복사해준 몬도르 기술인

홍대점, 즉 내 고유의 상호가 된 리치몬드를 출범시킨 이후 나는 또 한 번의 현장연수를 떠나기로 했다. 나폴레옹 상호로 시작한 홍대점이 예상보다 빠르게 성장하고 이를 뒷받침하기 위해 해외기술인을 부지런히 받아들이고 유럽연수까지 다녀왔지만 이때 배운 것들이 어떻게 현장에 적용되고 있는지 직접 경험해볼 필요가 있었다. 그동안에 살펴본 바로는 일본 제과업계도 이때까지는 유럽의 기술을 받아들이는 데 열심이었고 우리나라보다 훨씬 개방된 상태에서 유럽의 재료와 설비들을 도입해 쓰고 있었다.

일본에서만 세 번째 현장 연수지만 이번에는 혼자 가기로 하고 후쿠시마 사장에게 부탁해 2주 정도 일하며 배울 수 있는 곳을 소개해 달라고 부탁했다. 이때 소개받은 가게가 바로 메구로역 근처에 있는 몬도르라는 업소였고, 후에 일본 양과자연합회 회장이 된 다카하시 사장의 가게였다. 1985년 8월 4일부터 21일까지 보름간 연수를 받았는데, 연수 당시에는 다카하시 사장과 한 번 인사하는 정도로 지냈으나 이것이 인연이 되어 한·일 양국 제과협회 회장으로 만났을 때는 더욱 친숙한 관계로 발전할 수 있었다.

당시 몬도르는 손님이 케이크를 주문하면 그때부터 크림을 휘핑하고 마무리 장식을 하여 상자까지 접어 5분 안에 손님 앞에 내놓는, 아주 장사를 잘하는 가게였다. 전철역 부근이라 손님이 몰릴 땐 정신없이 바빴고 9명 정도가 일하고 있었지만 손이 빠르지 않으면 손님 응대가 힘든 시스템이었다.

그럼에도 불구하고 공장장 다음의 차장급 기술자가 케이크 시트를 만들면서 자기가 하는 방법이 옳은지 손은 빠른지 나에겐 묻곤 했다. 나도 그때까지 되도록 그들의 일하는 모습을 말없이 지켜보며 내 일솜씨도 표 나지 않게 하려 조심하고 있었지만 그들의 그런 겸손함을 보고는 엄지손가락을 세우지 않을 수 없었다. 단연 최고라고 칭찬해줬더니 그는 매우 좋아하며 더욱 빠른 솜씨를 보여주기도 했다. 그 이후로 공장장은 물론 공장 식구들에게 퇴근 후 술도 한 잔씩 사면서 스스럼없이 지낼 수 있었다.

연수를 마치기 3일 전에는 공장장이 직접 궁금한 게 있으면 말하라 해서 농담 반 진담 반으로 "레시피 전부가 궁금하다." 했더니 놀랍게도 자기가 가진 레시피 모두를 복사해주는 파격적인 친절을 베풀어 주었다. 그때 받아온 레시피 중 티 쿠키 등은 우리 가게의 인기상품이 되기도 했다.

지금 와 생각해보면 거의 있을 수 없는 행운들이 나에게는 종종 있었다. 자신의 분신 같은 레시피를 전부 복사해 주다니. 3번에 걸친 일본 제과업계 현장 연수와 여러 차례의 견학을 통해 느낀 것은 유럽이든 미국이든 어디서 배웠든 그들은 모든 것을 지기회해서 다르게 하려 애쓰고 있었다는 점이다. 전통적 방식을 따르면서도 자신만의 색깔을 가미해 차별화시키는 자존감과 노력이 있었다. 또 한 가지는 주인이라도 하루 종일 같이 일하는 모습이었다. '일인일업(一人一業)'이라는 장인정신이 그들 몸에는 배어있는 듯 했다.

선진 노하우를 스펀지처럼 빨아들이다

내가 처음 아현점을 오픈할 때까지도 국내 제과점들의 제품은 김충복 선생님을 비롯한 1세대 원로 선배님들이 풀어놓은 제품들과 미국 AIB와 소맥협회를 통해 전수된 제품들이 주류를 이뤘다. 나 또한 나폴레옹 공장장 시절 몸으로 습득한 기본 제품과 동경제과학교 유학을 통해 배운 제품, 개점 이후 몇몇 해외기술인을 통해 배운 제품, 그 이후 두세 번의 일본 연수로 습득한 제품들로 진열장을 채워 왔으나 홍대점 개업 이후부터는 급격한 제품 변화가 필요했다.

고려당과 뉴욕제과 등 프랜차이즈업체들의 확장이 가속화됨에 따라 개인 제과점들 또한 그만큼 앞서나가지 않으면 안 됐는데 그 돌파구는 해외 선진기술의 빠른 도입밖에는 다른 방법이 없었다. 해외여행도 그다지 자유롭지 못하던 시기에 웬만큼 큰 회사가 아니면 거액의 경비가 들어가는 해외기술인의 초청은 시도하기 어려웠다. 하지만 나는 망설이지 않았다.

국내의 기술력만으로 해결하기 어려운 기술적 진보는 과감한 선진기술 도입으로 해결해야 했다. 다행히 앞에서도 언급했듯이 소맥협회를 통해 초청된 곤잘레스 씨나 나폴

* 해외기술도입에도 많은 신경을 썼지만 수시로 공장식구들과 일하면서 재료와 공정이 제대로 지켜지고 있는지 신경썼다.

레옹시절 초청돼 온 스즈키 씨, 도비데코르의 구사노 씨 등으로부터 해외기술을 전수받은 적이 있고, 내가 직접 일본 유학과 연수, 견학으로부터 직접 확인한 제과 선진국들의 수준을 어느 정도는 알고 있었기에 이 시기에 꼭 필요한 기술이 무엇인지를 선별해 순차적으로 진행할 수 있었다.

또 1982년 초쯤, 김충복 선생님이 미도파백화점 앞 가게를 오픈하면서 동경제과학교 양과자과 나카무라 선생을 초빙해 초콜릿 템퍼링법과 몇 가지 봉봉초콜릿 제법을 가르쳐준 일이 있었는데 그때도 선생님을 도와 뒤치다꺼리를 해봤기 때문에 해외기술인 초청에 따르는 잡다한 사전 지식도 갖추고 있었다. 지금이야 이런 일은 누구나 마음만 먹으면 할 수 있는 평범한 행사가 되었지만, 그때만 해도 대기업이 아닌 개인 업체가 유명 해외기술인을 수시로 초청해 기술을 전수받는다는 것은 아주 파격적인 시도였을 뿐 아니라 업계 기술 발전을 자극하는 중요한 계기가 되기도 했다.

홍대점을 개점하고 제일 먼저 초청한 기술인은 동경제과학교에 조교로 근무하던 고토 데루오 씨였다. 고토 씨는 이때 튀일과 몇 가지 양과자를 선보였는데 튀일 같은 제품은 국내에 없던 제품이어서 손님들의 반응도 좋았다. 고토 씨는 이후에도 여러 번 와 여러 가지 양과자들을 소개했고, 오랜 기간 가족처럼 친밀히 지냈다.

해외기술인 초청 기술 전수는 처음에는 나 혼자 단독으로 추진했지만 차차 후배 기술인들과 국내 유명제과점 대표들도 침여할 수 있게 해 힘께 공부하는 모임으로 발전되었고, 이것이 훗날 '한울회'로 발전하는 계기가 되었다. 고토 씨 이후로는 자칭 '둥글리기 세계 최고 기능보유자'라는 독일기술인 마시노 씨를 초청해 기본 중의 기본인 빵 반죽 둥글리기를 다시 배우기도 했으며, 마시노 씨에게 본격적으로 독일빵을 전수받아 그때부터 독일빵을 가게 주력상품으로 삼았다.

특히 김충복 선생님과도 친밀했던 와다나베 씨 같은 분은 우리나라에 처음 바움쿠헨을 소개하기도 했지만 자기 업소에서 사용하던 바움쿠헨 기계를 나에게 주고 한국에서 최초로 만들 수 있게 도와주기도 했다. 이외에도 고려당에서 근무한 바 있는 무로마스 씨 등 여러 해외기술인들로부터 순차적으로 기술을 전수받으면서 이를 더 발전시키는 일이 나에게는 하나의 중요한 사업 프로젝트가 되었다.

나를 이끌어준 고마운 해외 인연들

해외 선진 기술인들과의 교류는 기술 발전에도 도움을 줬지만 그보다는 인간적인 교감과 성숙, 그리고 사업적 깨달음 같은 것을 얻게 했다. 앞에서도 언급했지만 도비데코르의 후쿠시마 다쿠지 사장은 그런 면에서 나에겐 선물 같은 인연이었다. 일본 유학을 제외하곤 초창기 대부분의 해외 경험은 그를 통해 연결되었고, 최신 기술과 설비 도입도 그를 통해 이루어졌다. 2017년 말에 황금 거북을 만들어 그에 대한 나의 고마움을 표하기도 했지만 이번 기회를 빌려 다시 한번 감사를 드리고 싶다.

역시 후쿠시마 사장을 통해 알게 된 사업을 시작하고 처음 인연을 맺은 센다이의 캔디야상이라고 불리던 사이토 사장에게도 많은 것을 배웠다. 차를 마시는 자리에서 사이토 사장은 냅킨에 '무욕(無欲)이 대욕(大欲)'이라고 써가며 "권상, 이것만은 꼭 지켜야 된다."고 충고하곤 했다. 가족끼리 내왕도 하고, 센다이를 방문했을 때는 마스시마 섬도 구경시켜 주며 그는 나에게 인간적인 격려를 아끼지 않았다. 그가 한국을 방문했을 때 선물로 준 세이코 탁상시계는 40년이 지난 지금까지도 정확하게 시간이 맞는다.

또 한 사람 잊지 못할 기술인은 고베의 스마가리 사장이다. 스마가리 사장은 뉴욕제

* 해외 인사로 나에게 가장 큰 도움을 준
후쿠시마 다쿠지 사장(가운데)과 함께.
좌측은 고인이 된 오오모리 가레의
고토 도키히사 사장.

* 후쿠시마 사장을 통해
코마급속냉동고와 도우콘을 도입하고
시운전을 위해 내한한 유럽기술인과
함께 기념 촬영을 했다.

과에 컨설팅을 왔을 때 만났는데 그 인연으로 정말 큰 전환점을 맞을 수 있었다. 그를 통해 쿠키와 구움과자가 얼마나 매력적인 상품인지를 알게 됐고, 일본에 직접 와서 보라는 제안을 받고 아내와 함께 찾아갔을 때는 "쿠키는 유효기간도 길고 포장만 잘하면 큰 도움이 된다."며 바구니 포장법까지 알려주며 쿠키 판매를 권유했다. 눈썰미 좋고 솜씨 좋은 아내는 한국에 오자마자 쿠키 바구니를 만들어 내놓았고 이것이 히트 상품이 되어 리치몬드가 성장하는 데 크게 기여했다.

조금 늦게 만났지만 기술인으로서 나에게 깊은 인상을 심어준 사람은 오봉뷰탕의 가와다 사장이다. 70대 후반의 나이에도 현역으로 직접 일하며 작업장을 지휘하고 있는 가와다 사장은 도비데코르의 오사카 지점장으로 있던 구사노 씨의 소개로 알게 됐다. 젊어서부터 오직 일만 해온 가와다 사장은 구부리고 일한 자세 그대로 등이 굽어 평소에도 구부정한 자세이지만 제과 일에 관한 한 세계 누구에게도 지지 않는 자부심과 열정을 가지고 있다.

그는 일본 내에서도 타의 추종을 불허하는 프랑스 전통 지역과자 전문가이기도 하고, 방대한 프랑스과자 역사자료 보유자로 알려져 있으며 제과전문기술서도 여러 권 집필한 장인이다. 나는 가와다 사장에게서 기술인의 참된 모습을 보았고, 이후 나의 귀감으로 삼았다. 그래서 리치몬드제과학원을 설립했을 때 초기 학원 운영을 맡아준 정윤용 원장을 3개월간 오봉뷰탕에 연수 보냈고, 큰아들 형준이가 세과 일을 공부할 때도 오랜 기간 오봉뷰탕에서 근무하며 훈련받을 수 있게 부탁했었다.

이 외에도 나에게 슈크림을 전수해 준 고쿠라 슈렉의 오노 마사히로 사장을 비롯해 처음 일본에서 공장 실습을 할 수 있도록 허용해 준 오오모리 가레의 고토 도키히사 사장과 후란마리온 사장 등 수많은 해외 기술인들과 경영자들이 오늘날 리치몬드가 될 수 있도록 힘이 되어 주었다.

1984년부터 올림픽이 개최되던 1988년까지 정말 속도를 가늠하기 어려울 정도로 사업이 잘됐다. 가장 장사가 잘될 때는 종업원이 모두 120명에 이를 정도로 규모가 커졌었다. 몇 번에 걸친 외부 인사 영입도 있었으나 마노준 공장장부터 나기학 기술상무, 강창걸 부장까지 전성기를 구가해 준 식구들이 모두 잘해주었고, 지금도 그 시절 바쁜 환경 속에서도 애써준 모든 멤버에게 감사한 마음을 가지고 있다.

마지막 꿈, 배움의 전당을 세우다

앞에서도 이야기했지만 나에게는 3가지 소박한 꿈이 있었다. 하나는 우리나라 최고의 기술인이 되는 것이었고 또 하나는 내가 만든 과자가 손님들에게 인정받아 번창하는 나만의 가게를 갖는 것이었고, 마지막 꿈은 내가 어렸을 때 배우고 싶은 기술을 속 시원히 못 배웠던 한을 푸는, 후배들을 위한 교육기관을 세우는 일이었다. 사실 돈을 많이 버는 것이 내 꿈이었던 적은 없었다. 그저 열심히 하다 보니 재물도 따라왔고, 계속 남의 건물에서 장사하다 보면 임대료 부담도 점점 커지고 언젠가는 밀려날 수도 있겠다는 위기감으로 가까운 곳에 땅을 사두었던 것이 재산이 되었다.

아파트 생활을 못마땅해 하시는 어머니와 함께 살기 위해 집터를 샀고, 나중에 본점 자리가 필요할 것 같아 현재의 성산동 리치몬드 빌딩 터를 샀고, 가게를 옮긴 후 직원들 숙소로 쓰기 위해 기숙사 터를 샀다. 투자의 개념이 아닌, 내가 필요해서 산 것이다. 그런데 1992년 말쯤 아내가 나의 계획에는 없던 대형 프로젝트를 들고 나왔다. 강남구 대치동에 다 쓰러져가는 대지 500평, 건평 1,000평짜리 상가건물이 있는데 이를 매입해 활용하면 매우 좋은 일들을 할 수 있을 거라는 것이었다.

급하게 필요한 건물도 아니고 특별히 뭘 하겠다는 계획이 있었던 것도 아니어서 좀 신중하게 생각해 보자고 했는데 결단력 강한 아내가 동원 가능한 자금을 모두 모으고 은행 빚까지 얻어 그 상가의 계약을 추진했다. 처음엔 뭔가 잘못된 것 아닌가 당황스럽기도 했지만 이왕 건물을 매입한다면 내 마지막 꿈인 제과교육기관도 설립하고 업계를 위해 뭔가를 할 수 있겠다는 생각을 하게 됐다.

건물 매입이 결정된 후 업계에 가장 필요한 것이 무엇인가를 주변 인사들과 많은 협의를 거쳤고, 최종적으로는 강남 이하 지역 제과업계 사람들이 손쉽게 찾을 수 있는 제과제빵 종합타운과 리치몬드제과기술학원을 그 자리에 설립하기로 했다. 지금은 규모가 많이 줄었지만 개점 당시에는 지하부터 1, 2, 3층까지 제과제빵관련 기계, 설비부터 포장재 업체와 유니폼, 인테리어 및 디자인 업체까지 50여 개 업체가 입주한 대단위 종합상가가 1993년 6월에 리치몬드 종합상가로 탄생했다. 상가 조성 기획에서부터 업체 유치까지 힘을 써준 비앤씨월드 장상원 사장과 영진양행 박보순 사장께 이번 기회를 빌려 다시 한 번 감사드리고, 초창기부터 지금까지 상가 조성에 참여하고 리치몬드상가를 이용해주신 업계 분들께도 감사의 말씀을 드리고 싶다.

아내의 저돌적 추진력과 업계 인사들의 협조로 리치몬드 종합상가의 설립과 함께 나

* 상: 1993년 6월 대치동에 문을 연 리치몬드 제과제빵종합상가 개소식.
하: 3층 전체를 제과제빵기술학원으로 꾸미며 별도의 개원식을 가졌다.

의 마지막 꿈인 리치몬드제과제빵기술학원도 성대하게 문을 열었다. 나는 나의 본업이 아닌 부동산 투자나 금융투자로 재산을 늘리는 것을 좋아하지 않는다. 거의 천성적이다 할 만큼 그에 대한 거부감이 있고 그래서는 안 된다고 배우며 컸다. 그래서이기도 하지 만 더 많은 욕심을 부려서는 안 된다는 생각에 우리 부부는 이 건물 매입 이후로는 단 한 평의 땅도 늘리지 않았다. 다행히 마지막에 매입한 건물조차도 내 본업과 관련이 있는 제과제빵상가와 기술학원이 들어선 점에, 그리고 그것이 업계에 도움이 되고 있다는 것 에 지금도 큰 의미를 두고 있다.

후진을 양성하고 고급 기술을 전파하는 일

내가 추구하는 방식대로라면 리치몬드제과학원은 최고의 기술 학원이어야 했다. 한국제과학교를 비롯해 이미 여러 제과교육기관들이 있었지만 그와는 다른 차별화된 교육기관을 만들기 위해 시설은 물론 강사진과 교육프로그램에 이르기까지 최선을 다해 준비했다. 관련업체와 한울회 회원 등 몇몇 분은 고맙게도 오븐 한 대, 믹서 몇 대 등의 후원으로 힘을 보태주시기도 했다. 그러나 학원을 운영하는 일은 생각처럼 간단한 일이 아니었다. 물론 '업계에 필요한 인재를 양성해 배출하고, 국내외 최고급 기술인을 초빙해 현직 기술인들의 실력을 향상시키는 일'을 목표로 학원을 설립했지만 교육기관으로서 갖춰야 할 행정 절차나 시스템 등도 만만치 않았다.

먼저 롯데삼강 연구실 베테라에 근무하다 리치몬드과자점 연구실장으로 초빙돼 근무하던 정윤용 씨를 부원장으로 위촉해 학원 운영을 맡겼다. 180평쯤 되는 3층 전체를 학원으로 꾸몄고, 시설 또한 당시 최고를 추구하다 보니 초기 비용도 많이 들었다. 그러나 교육은 교육이지 사업이 아니라는 것을 깨닫는 데는 그리 오랜 시간이 걸리지 않았다. 사업직으로 보면 결코 흑자가 나는 사업이 아니있기 때문이다. 그래도 운영비를 보태가며 학원을 키웠다. 내 꿈이었기 때문에 수입에 연연하지 않고 교육기관으로서의 소임, 내가 배우고 싶어도 가르쳐주는 사람이 없어 막막하던 그 시절을 떠올리며 리치몬드

제과명장 권상범

* EBS직업체험,
  동경제과학교 동창회 세미나 등
  각종 기술관련 활동을 실시했다.

제과학원이 우리나라 기술 교육의 한 축을 담당할 수 있게 되기를 바라는 마음으로 운영해 왔다.

노동부나 국가기관에서 지원하는 교육프로그램에 의존하지 않고 리치몬드만의 커리큘럼으로 정규반을 운영했고, 현장 기술인들의 기술 업그레이드를 위한 고급과정도 별도로 개설해 운영했다. 한국 교육기관으로는 최초로 동경제과학교와 계약을 맺고 매년 여름방학에 학생들을 파견해 며칠씩 해외연수를 다녀오는 프로그램도 추진했다. 이 연수는 지금까지도 이어져오고 있다. 또 해외 유명 기술인을 초청해 신기술에 목마른 공장장급 기술인들을 위한 기술 세미나도 꾸준히 진행했다.

학원이 설립된 1993년 8월 15일부터 2일간 일본 기술인 오야마 씨의 프랑스풍 앙트르메 세미나를 시작으로 스즈키, 다우치 씨 등의 스위스과자와 선물용 구움과자 세미나가 이어졌다. 다음 해인 1994년에는 동경제과학교 호리 선생과 오하시 선생의 화과자와 독일과자 세미나, 가와다 카츠히코 셰프의 전통 프랑스과자 세미나가 있었고, 그 이후 오스트리아 과자, 독일 빵, 데커레이션 기법 등 기술 발전과 제품 다양화에 필요한 세미나를 꾸준히 실시했다.

물론 그 이후로도 간간이 선진기술 도입을 위한 해외 기술인 초청세미나를 꾸준히 해왔으나 재료 회사나 잡지사 등에서 비슷한 세미나들이 보편화되는 바람에 그 이후로는 꼭 필요한 해외 기술이 아니면 해외 기술인 초청을 자제했다. 1994년부터 2010년까지 리치몬드학원에 초청된 해외 기술인은 모두 42명에 달한다. 이때 다녀간 해외기술인들은 꼭 기술적 교류가 아니어도 그 이후 리치몬드와의 관계를 꾸준히 이어오고 있다.

일본 기술인뿐만 아니라 독일, 프랑스, 스위스 등 다양한 국적의 기술인들도 초청되었다. 특히 프랑스 연수 후 학원 강사로 근무했던 김성일 선생의 소개로 필립 씨가 먼저 와 세미나를 했고, 필립 씨의 소개로 프랑스 제과계의 거장 파야송(Gabriel Paillasson) 씨도 우리 학원에 초빙돼 설탕공예 기법에 대한 세미나를 했다. 우리나라에서 본격적인 설탕공예 기법이 공개적으로 전수된 세미나는 이때가 처음이었던 것 같고, 참가자들의 반응이 너무 좋았다. 파야송 씨는 이날 이런 반응에 응답하듯 손이 부르트는 것도 개의치 않고 공예 작품 5~6개를 잇달아 만들어 열렬한 박수를 받았다.

파야송 씨는 세미나 후 한국의 제과업계를 돌아보고 싶어해 정윤용 부원장이 카니발 차량을 직접 운전하고 나와 통역사까지 4~5인이 함께 일주일간 전국을 돌며 업계를 시찰하기도 했다. 물론, 이때의 인연으로 세계 제과업계에 영향력이 막강한 파야송 씨는

* 2006년 7월 성산동 본점자리로 리치몬드제과기술학원을 이전했다.

후에 쿠프드몽드 제과월드컵에 우리 기술인들이 출전할 수 있도록 초청했고, 이 대회에 한국 대표단이 출전하는 최초의 역사도 리치몬드학원에서 이루어졌다.

많은 학생을 배출하고 업계에 도움이 되는 기술 세미나 등을 꾸준히 개최했지만 학원 운영은 늘 제자리였다. 특히 홍대 쪽과 거리가 멀다는 문제가 있어 좀 더 가깝고 번화한 곳으로 이전할 필요가 있었다. 그래서 1998년 2월, 그때 신축한 서교동 리치몬드빌딩으로 학원을 일단 옮겼고, 8년 후인 2006년 11월 1일 대대적인 점포 리뉴얼과 함께 지금의 성산동 본점 건물로 학원을 확장 이전했다. 다시 한 번 최고의 시설 투자를 하느라 3억 상당의 융자를 받았고, 그 빚은 아직도 일부 남아 있다. 하지만 교육사업만큼은 아무리 흑자가 나지 않는다 해도 유지하려 한다. 3백 명의 정원이 모두 차는 경우에도 겉으로는 남는 것 같은데 막상 계산해보면 얼마 남지 않는 사업이 교육사업인 것 같다.

* 1990년대 후반에는 한국의 제과 기술을 동남아는 물론
  러시아 블라디보스토크까지 전수하는 일도 했다

성산동 본점을 신축하다

1988년에 현재 리치몬드 본점 땅을 매입했다. 홍대입구역 상권이 날로 확대되고 리치몬드홍대점이 그 지역 랜드마크로 성장함에 따라 인근의 부동산 가격이 천정부지로 치솟았다. 홍대점 자리가 너무 아까워서 건물주에게 혹시나 양도할 의사가 있는지 조심스럽게 타진했으나 "언제까지나 그 자리에서 사업할 수 있게 할 테니 걱정 말고 열심히 하라."는 말로 거절 의사를 표현했다. 건물주인 황 사장님은 항상 고맙고 훌륭한 분이셨으나 황 사장님 이후를 준비하지 않을 수 없어 가까운 곳에 마땅한 점포 자리가 있는지 알아보기 시작했다.

운이 닿았는지 얼마 안 돼 성산동 본점 자리를 포함해 몇 군데 후보지가 나타났고 그중에서도 그 동네의 '코'에 해당되는 위치라고 소개받은 곳, 2백여 평 정도를 매입할 수 있었다. 땅을 매입하고도 급하게 이전하거나 확장할 계획이 없어 방치하다시피 놓아두었는데, 대치동에 리치몬드종합상가를 개설하고 보니, 그곳에도 번듯한 건물을 올려 미래에 대비하는 것이 좋겠다는 생각을 하게 됐다.

물론 그 결정의 배경에는 홍대점의 생산 능력이 거의 한계에 도달했다는 절박함도 있었다. 80명 가까운 직원을 풀로 가동해도 생산이 판매를 따라갈 수 없을 때가 많았고, 직원들을 위해서라도 보다 쾌적한 근무 환경이 절실했다. 하지만 생산시설만 임시로 지을 수는 없었고, 아직 상권이 불확실하기는 해도 이왕 짓는 김에 번듯한, 내가 평소에 꿈꿔왔던 제과점 전용 건물을 짓고 싶었다.

그동안 한두 번에 걸쳐 제과점을 열고 인테리어를 바꾸곤 했지만 그것은 남의 건물에 임시로 할 수밖에 없었던 공사들이었다. 이제는 평생을 꿈꿔온 내 제과점만을 위한 건물을 지으리라 마음먹고 전문가들을 수소문했다. 건축과 인테리어 생산시설들을 모두 최고로 갖추기 위해 최상의 드림팀을 구성했다. 건축사를 선정하고 인테리어를 맡길 사람과 함께 모델이 될 만한 제과점을 찾기 위해 관계자 모두가 일본 제과업계를 시찰하기로 했다.

아마 2주 정도 일본 홋카이도부터 후쿠오카까지 거의 모든 유명 업체를 견학하고 각 업체마다의 장점을 체크하고 심지어 진열장의 사이즈, 진열대의 높이와 간격까지 일일이 자로 재면서 다녔다. 당연히 제품 하나하나도 사진을 찍으면서 세심히 살피고 자문을 구했다. 물론 이런 일은 일본에서 쉽게 할 수 있는 일은 아니다. 그동안 지속적으로 교류를 해왔던 업소들이 대부분이었고, 교류가 없었던 곳은 사전에 일본 양과자연합회나 후

* 1994년 9월 성산동 본점을 신축했다.
  본점 신축 이후 중국 등 해외제과업자들의 견학과 기술연수가 줄을 이었다.
  사진은 중국 시안 베이커리업자들의 방문기념사진

쿠시마 사장을 통해 소개를 받고 찾아간 업소들이었다.

저녁이면 매일 그날 방문한 업소들에 대해 각자 소감과 체크한 부분에 대해 토론하고 정리하다 보니 일정을 마무리할 쯤에는 대강의 윤곽이 잡혔다. 내가 외국의 제과업계를 시찰하면서 가장 알뜰하고 세심하게 모든 걸 살핀 여정이 아니었나 싶다. 이때 마련된 건축안과 내가 그동안 늘 마음속에 품어 왔던 나의 모델 제과점인 취리히의 '스프링글리', 그리고 오스트리아 비엔나의 전통 스타일을 접목시킨 제과점이 바로 현재의 성산동 본점이다.

성산동 본점은 기획 단계부터 딱 1년 만에 완공되었고, 땅 매입에서부터 따지면 근 8년 만에 완성된 프로젝트라 할 수 있다. 1994년 9월에는 성산동 본점 개점과 리치몬드 창립 15주년을 기념하여 3일간 빵, 양과자, 피자를 차례로 하루씩, 고객 한 사람에게 1개씩 나눠주는 감사 시식 행사를 열었다. 무료로 그것도 조각이 아닌 빵 1개, 양과자 1접시, 피자 1판을 나눠주는 행사여서인지 인산인해를 이뤘고, 나중에는 제품을 대지 못할 정도로 줄이 길었지만 약속대로 3일간 끝까지, 오는 손님들 모두에게 제품을 나눠주었다.

성산본점은 처음 가게를 열었을 때 1일 150만원의 매출만 올려줘도 좋겠다 생각했는데 두 배도 넘는 매출이 나와 줘서 그저 감사할 따름이었다. 이때는 나기학 씨가 공장장을 맡고 있었는데 60명 정도 되는 직원들이 모두 자기 일처럼 맡은 업무를 잘해 주었다.

과자와 함께 세계로

리치몬드제과학원을 개원하고 가장 먼저 한 일은 세계적 제과 기술인들을 초빙해 우리 제과업계에 선진기술을 전파하는 일이었다고 앞에서 기술한 바 있다. 그중에서도 가장 거물이라 할 수 있는 파야송 씨가 며칠 동안 국내 제과업계를 같이 돌아보고 우리나라 기술인들을 칭찬하면서 "이 정도 기술이면 세계대회에 출전해도 손색이 없겠다."는 평가를 했다. 그러면서 2년마다 프랑스 리옹에서 개최되는 '쿠프드몽드 파티스리(제과월드컵)'에 우리나라 선수의 출전을 권유했다. 파야송 씨는 이 대회의 운영위원장을 맡을 정도로 권위를 인정받는 세계적 기술인이었다.

처음에는 과연 우리나라 기술 수준으로 세계대회에 참가할 수 있을까 하는 의구심도 있었지만 파야송 씨의 평가도 진심인 것 같아 출전에 필요한 절차 등을 알려달라고 부탁했다. 파야송 씨가 한국에 다녀간 때가 1995년 4월이었고, 다음 대회는 1997년 1월에 예정돼 있었다. 협회를 비롯해 업계인사들과 논의를 거쳐 일단 리치몬드학원이 주관해서 선수를 선발하고 파견하는 것이 좋겠다는 결론을 얻었다. 1996년 초쯤 그 당시 우리나라 현직 기술인 중 최고로 인정받던 서정웅, 박찬회, 나기학 씨를 대표선수로 선발하고 약 1년간의 훈련을 시작했다.

* 1999년 월드파티스리챔피언십에서 심사하고 있는 모습

박찬회 씨가 설탕공예와 디저트 부문을 맡고, 서정웅 씨가 아이스카빙, 나기학 씨가 초콜릿공예와 초콜릿과자를 맡아 피나는 연습을 했다. 나들 한국에서는 내로라하는 기술인들이었지만 대회를 위한 준비는 평소와 달라야 했고 생소해서 시행착오도 많이 겪었다. 특히 서정웅 씨 같은 경우는 단 한 번도 만져보지 못한 아이스카빙을 처음부터 배워가면서 익히느라 정말 많은 얼음덩어리와 씨름해야 했다.

리치몬드공장장으로 재직 중이던 나기학 씨도 초콜릿공예를 익히기 위해 가격도 비싼 초콜릿을 정말 많이 사용했으나 말 한마디 없이 그 재료들을 모두 지원했다. 그리고 대회 직전 현지 적응을 위해 일주일 정도 먼저 선수단을 리옹에 보냈다. 리옹에는 파야송보다 먼저 우리나라에 초빙돼 세미나도 하고, 부인이 한국인인 관계로 친하게 지냈던 필립의 가게가 있었다. 덕분에 선수단은 거기서 사전 연습을 할 수 있었다.

우리로서는 할 수 있는 모든 노력을 기울인 대회 첫 출전의 성적은 종합 6위. 12개국이 참가한 대회에서 6위였으니 그리 나쁜 성적은 아니었다. 제과의 선진국 11개국과 겨뤄 6위였고 우리의 제과 기술이 세계와 어깨를 나란히 할 수 있게 됐다는 자부심이 더 컸던 대회였다. 그 뒤로 1999년과 2001년까지 3회에 걸쳐 리치몬드학원이 주관해서 선수단을 파견했다. 1999년에는 장복용, 전해철, 우원석 씨가 대표 선수로 출전했고, 2001

년에는 우원석, 최두리, 김무조 씨가 대표선수로 참가해 매회 4~6위의 성적을 거두는 활약을 보여줬다. 그러나 국가를 대표하는 선수단을 사설학원이 주관해서 파견하는 것보다는 업계의 대표성을 가진 제과협회가 맡는 것이 타당하다고 생각돼 내가 협회장을 사임한 이후부터는 제과협회에 선수파견업무를 이양했고 그것이 지금까지 이어져 오고 있다.

국제대회와 관련된 이야기는 또 있다. 내가 대한제과협회장을 맡고 있을 때 국제기능올림픽 제과부문이 정식종목으로 신설됐고, 그 이후 한국의 젊은 제과 기술인들이 연달아 금메달을 획득하는 역사가 만들어졌다. 1999년 11월 캐나다 몬트리올에서 개최된 제35회 국제기능올림픽에 제과부문이 처음 시범종목으로 채택됐다는 소식을 듣고 고인이 되신 김지정 제과학교 이사장님과 홍행홍 교장, 협회 측에서는 서정웅 씨와 박찬회 씨 등이 대표로 직접 몬트리올까지 날아가 시범경기를 참관하고 돌아왔다. 그 결과를 바탕으로 제과협회와 제과학교, 노동부 등이 긴밀히 협력하고 노력한 끝에 2001년 9월 서울 코엑스에서 개최된 제36회 국제기능올림픽에서는 제과부문이 정식 종목으로 채택됐고 서영훈 군이 대표선수로 출전해 당당히 4위의 성적을 거두었다.

나는 이 대회에 우리나라 최초의 제과부문 심사위원으로 참여해 대회 진행을 돕기

* 제36회 서울국제기능올림픽 참가선수단과 심사위원이 함께 기념촬영을 했다.

도 했다. 그 후 국제기능올림픽에는 제빵부문도 정식종목으로 채택됐고 2013년부터는 우리의 젊은 기술인들이 제과제빵부문에서 연달아 금메달을 수상하는 쾌거를 이어갔다. 국제대회뿐만 아니라 국내 학생들을 위한 대회에도 꾸준히 지원을 했다. 업계의 미래를 위해서는 인재 양성에 힘쓰는 일이 가장 확실한 방법이라고 믿었고 그것이 내가 할 일이라고 생각했기 때문이다.

2001년부터 월간 〈파티시에〉가 운영해 온 '전국 학생 빵·과자경연대회(ACADE-CO)'를 개인적으로 꾸준히 돕다가 2010년도부터는 임헌양, 박찬회, 서정웅 명장 등 제과명장들과 힘을 합해 '대한민국 제과명장배 전국 학생 빵·과자 경연대회'로 승격시켜 운영해 왔다. 현 최병순 과우학원이사장의 도움으로 동아원·한국제분의 지원을 받아 몇 년간 아주 알찬 대회로 꾸려가기도 했는데, 이것은 이 대회의 취지를 이해하고 아낌없이 지원토록 해준 이희상 전 동아원그룹회장의 결단이 있었기 때문이고, 이에 대해 지금도 감사한 마음을 가지고 있다.

이 대회는 2015년부터 한국제과기능장협회가 월간 〈파티시에〉로부터 그 운영권을 이관받아 대한민국 제과명장회와 같이 운영해 왔고, 2020년부터는 대회장과 운영위원장 등을 홍종흔 명장 등 후배 명장들이 맡아 할 수 있도록 인계해 그 명맥을 유지토록 했다. 나는 초창기부터 이 대회의 대회장을 계속 맡아왔기 때문이기도 하지만 어린 학생들의 소질을 사진에 계발 육성하는 대회라는 짐에서 이 대회에 많은 애착을 가지고 있었다.

* 아카데코대회를 마치고 수상자들과 함께

대한제과협회장 일도 내 사업처럼

나는 내 사업 외에 다른 사업에 한눈을 판 일도 없고, 사회적 명예나 감투에도 전혀 욕심이 없는 사람이다. 그저 내 할 일, 내가 목표한 기술과 사업에 묵묵히 매진했을 뿐 다른 일을 기웃거릴 여력도 관심도 없었다. 그런데 한곳에서 같은 일을 오래 하다 보니 우연찮게 동업자단체 회장과 지부장 등을 맡아 봉사할 일도 생겼다.

내가 제과 기술인으로 어느 정도 자리를 잡아갈 무렵, 김충복, 김종익, 박근성 선배님들이 주축이 되고 김환식, 공윤택 선생님 등도 참여한 (사)한국제과기술자협회가 운영되고 있을 때, 잠시 기술 관련 직책을 맡았던 적도 있지만 선배님들의 권유를 물리치지 못해서였을 뿐 자의는 아니었다. 그 후 마포구에서 사업이 자리를 잡아가면서 제과협회 마포구 회원들의 추대도 있고 내 지역 동업자들과 함께한다는 의미도 있어 대한제과협회 마포지부장직을 상당 기간 봉사의 마음으로 맡아 했다.

그러다 1987년 초 김충복 선생님이 (사)대한제과협회장에 출마하면서 선거를 돕지 않을 수 없는 입장이 되었다. 내 생각은 이때도 단순했다. 선거를 치르게 되면 대결을 하게 되고 다음은 분열이 있을 뿐이다. 어떻게든 협상을 해 회장직에 뜻이 있는 분들끼리 순서대로 할 수 있게 하는 것이 득표를 위한 선거운동보다 더 중요하다고 생각했다. 상대편 출마자인 박병주 씨를 만나 끈질기게 설득한 보람이 있어 일단 김충복 선생님을 먼저 회장으로 추대하고 차기에 박병주 씨를 추대하기로 하는 협약을 성사시켰다.

지금 같은 상황이라면 아마 이런 협상은 이루어지지 않았을 것이다. 그러나 그때만 해도 업계 선후배 간의 의리와 믿음이 강했고, 이 일을 추진한 나 또한 업계 후배들의 신의를 저버린 일이 없었기 때문에 전폭적인 지지를 받을 수 있었다고 본다. 물론 김충복 선생님의 명망 또한 그만큼 높았고, 경영자 출신인 박병주 씨도 기술자 출신 업주들과 정면 대결을 하는 것보다 서로 협조하는 게 필요하다는 판단을 했을 것이다.

어쨌든 그 일은 이후 임기 2년의 사단법인 대한제과협회 회장을 16년간 회장선거 없이 추대로 계속 이어지게 한 전기가 되었다. 김충복 선생님이 회장에 취임할 때 권상범도 한자리 맡게 될 것이라는 주위의 예상이 있었으나 그때도 나는 자의 반 타의 반으로 감투를 쓰지 않았다. 그런데 뜻밖에도 박병주 씨 후임으로 협회장을 맡은 뉴욕제과 이홍경 회장의 간곡한 부탁이 있어 얼떨결에 협회 수석부회장식을 맡게 되었다.

여러 가지 사회활동으로 국내외에서 인지도가 높았던 이홍경 회장과 리치몬드제과

기술학원까지 운영하며 국내 제과 기술 발전에 힘쓰던 내가 메이트가 되어 운영한다면 협회도, 제과 기술도 상생, 발전할 것이라는 기대도 받았고, 업계에 필요한 여러 사업들도 업주 측과 기술계가 협조하여 순조롭게 펼칠 수 있었다.

그러던 중 이홍경 회장이 3대째 임기를 이어가던 1998년 4월 뉴욕제과가 부도를 맞는 사태가 발생했다. 이 회장은 즉시 협회에 사표를 제출했고 수석부회장인 내가 회장직을 물려받게 되었다. 전혀 생각지도 못한 사건으로 회장직을 물려받았지만 이것도 나에게 주어진 운명이고 봉사의 기회려니 생각하고 회장에 취임했다. 하지만 내가 회장직을 물려받은 이 시기는 국가적으로도 너무 어려운 시기였다. 1997년 11월 IMF외환위기가 터졌고, 1998년 2월 김대중 정부가 들어선 이후 무너진 국가 경제를 위해 온 국민이 허리띠를 졸라매던 시기였다.

그때까지 협회 수석부회장은 협회 업무에 대한 결재 권한이 없었기에 협회가 어떻게 운영되는지 세세히 알 수는 없었다. 그러나 막상 회장에 취임하고 보니 협회 재정은 그야말로 파탄 일보직전이었다. 〈베이커리〉 잡지 관련 인쇄비만 1억6천만 원 가까이 밀려 있었고, 이에 대한 내용증명까지 와 있었다. 그 외의 미불금도 이것저것 많고 봉급 때가 되면 협회 직원 월급을 걱정해야 하는 형편이었다. 이 위기를 극복하고 협회를 살려

* 1998년 4월부터 대한제과협회 회장직을 수행했다. 사진은 1999년 제34차 정기총회에서 취임사를 하고 있는 모습이다.

내기 위해서는 협회도 내 사업처럼 할 수 밖에 없다는 판단이 섰다.

우선 모든 입출금은 전표를 작성하여 결재받도록 시스템을 바꾸고 각 지부의 회비 미수금부터 정리해나갔다. 또한 잡지광고 미수금을 받기 위해 리치몬드 케이크를 싸들고 업체를 방문하며 직접 수금을 독려했다. 나갈 구멍은 철저히 막고, 들어오는 구멍을 키우는 정말 사업의 기본을 충실히 지켜나간 결과 내가 협회를 그만두고 나올 때는 모든 빚을 갚고도 3억 이상의 잔고를 협회 장부에 남길 수 있었다. 이것이 밑천이 되어 지금의 대한제과협회 회관 설립도 추진될 수 있었다고 한다.

스스로를 높이지 않으면 머무를 수도 없다

대한제과협회 회장직 재임 중 몇 가지 뜻깊은 일을 했다. 앞에서도 언급했지만 리치몬드제과기술학원을 운영하며 해외 기술인들과의 교류를 통해 제과월드컵에 선수단을 파견, 우리 기술의 국제적 지위 향상을 도모하고, 세계적 제과 단체의 일원으로 활동하지 못 하던 것을 다시 원상회복시켜 국제양과자연맹 회원국의 지위를 되찾았다. 이와 함께 국제기능올림픽에 제과·제빵이 정식종목이 될 수 있도록 절차를 밟아 우리나라에서 최초로 제과 종목이 정식종목으로 겨뤄질 수 있는 토대도 만들었다. 재정적으로도 적자를 벗어나 흑자를 냈고 목돈을 만들어 협회 회관 건립의 기틀을 다지기도 했다.

그러나 이 시기에 어려움도 많았다. IMF 외환위기로 국가 경제가 거의 파탄에 이르렀고 이에 따라 중소 자영업자, 특히 우리 제과점업계도 엄청난 타격을 받게 되었다. 대표적인 사례가 천 원에 3개씩 파는 싸구려 빵집의 등장이었다. 모두가 허리띠를 졸라매다 보니 소비가 줄고, 이를 타개하려는 얄팍한 상술이 등장한 것이다. 가뜩이나 장사가 안 돼 힘든 판국에 이런 가게들이 들어서니 인근 제과점들의 근심이 더 깊어졌다. 새벽이든 밤이든 상관없이 "이런 싸구려 빵집도 막아주지 못하냐!"며 전화가 빗발쳤지만 "싸구려 빵집이 얼마나 오래 버티겠냐."고 잘 이겨 내시라고 위로를 하며 나도 견디는 수밖에 없었다.

회장으로서 회원들 가게를 방문하는 기회가 있으면 가게에 있는 TV를 모두 *끄*라고 권유하곤 했다. TV가 켜진 가게가 번듯한 가게가 되는 경우는 거의 없다. 제품과 가게 손님에 집중해도 될까 말까 한데 다른 데 정신 팔면서 잘되기를 기대할 수 없기 때문이다. 지역 지부장들과 함께 TV 추방운동까지 벌였다. 아마 지금도 TV나 스마트폰에 더 많은 시간을 할애하는 기술인이나 업주가 있다면 다시 한번 생각해 주기를 바란다. 가격 경쟁이나 본분에서 벗어난 시간 낭비는 우리가 경계해야 할 기본 중의 기본이다.

또 한 가지 잊지 못할 사건은 대기업 CJ의 제과점 진출 건이다. 1990년에 CJ 퇴직자들의 은퇴 후 생업 지원이라는 명목으로 시작된 뚜레쥬르 프랜차이즈 점포가 1999년 12월에는 200개까지 늘어나는 상황이 되었다. 이를 지켜보던 제과점들이 1998년 말부터 들고 일어났다. 밀가루와 설탕을 공급하는 회사가 제과점까지 운영하면 경쟁의 룰도 깨지고 영세 제과점들도 막대한 피해를 보게 된다는 판단이었다. 협회는 고려당 김지정 사장을 대책위원장으로 해서 조직적인 뚜레쥬르 진출 저지운동을 벌였고, 여의도 국회 앞까지 진출해 제과인들의 뜻을 전국에 알렸다. CJ는 이에 굴복해 2000년 2월 10일 당시 가맹점 수 214개에서 더 이상 점포를 늘리지 않는다는 협약을 하고 물러섰다.

그러나 이때의 뚜레쥬르 확산 저지 성과는 전혀 다른 방향으로 나타났다. 뚜레쥬르가 점포를 내지 않는 동안 파리바게뜨가 공격적인 점포확산정책을 펴 기하급수적으로 가맹점을 늘린 것이다. 이에 따라 고려당, 크라운베이커리 등의 사세도 타격을 받고 급기야 제과업계 전체의 생태계가 이상 현상을 보이기 시작했다. 파리바게뜨를 저지할 대항마가 필요해진 것이다. 때마침 CJ 관계자들은 이와 같은 상황을 파악하고 1년에 70개까지만 점포 증가를 양해해주면 협회와 상생 방안을 찾겠다는 제안을 해왔다.

긴급이사회를 소집하고 협회에 4억 원의 상생 기금을 CJ가 찬조하는 것으로 하고 2001년 4월부터 가맹점 증설 제한조치를 해제하는 것으로 다시 협약을 맺었다. 협회 살림을 절약해 3억을 마련하고, CJ 찬조금 4억까지 총 7억의 여유 자금이 협회에 남겨졌고 이것이 협회회관 건립의 오랜 꿈을 실현시킨 기본 자금이 되었다. 제과협회회관이 매입되는 시점에도 나는 개인적으로 무기명이긴 하지만 금일봉을 기부하기도 했다.

여러 가지 어려움이 있었지만 그때그때 사심 없이 협회 위상을 높이는 방향으로 묵묵히 회상식을 수행해 왔다. 그런데 더 이상 참을 수 없는 일이 발생했다. 2000년 10월 전국지부장회의가 있던 날, 모 지부장으로부터 모욕적인 발언을 들었다. 협회 회장을 맡으면서 당시 사무국장이던 고 김석중 씨와 약속한 내용이 있다. 그것은 협회나 지부가 조그만 회의라도 개최하려면 대개 관련업자나 기업에 손을 벌려 지원을 받는 관례가 있는데 앞으로는 우리가 스스로 조금씩이라도 경비를 내서 충당하고 타인의 기부에 의존하지 말자는 것이었다. 때마다 손을 벌리는 것은 주변에 피해도 되지만 우리의 위상도 그만큼 낮아지는 행위가 되기 때문이다.

이 약속은 그 이후로 잘 지켜져 왔는데 이날 그 지부장은 자기들 같은 작은 지부도 1년에 수백만 원씩 모금해 지부나 회의를 운영하는데 중앙회장이 그것도 못 하고 지부장회비를 받느냐고 항의하는 것이었다. 참으로 모욕적이었다. 그동안 충분히 우리끼리 우리의 위상을 높이자고 이야기했음에도 고작 지부장회의 참석비 5만 원을 두고 공개석상에서 모욕하다니 더 이상 회장직을 수행할 명분도, 의미도 없게 되고 말았다. 그날로 회장직을 사임했다. 같은 자리에 1초라도 더 머무르고 싶지 않았다.

회장이 아니어도 업계에 필요한 일은 한다

불미스럽게 회장직을 사임했지만 그건 그런 사람에 대한 나의 반응이었고, 업계를 위한 일들은 조용히 나 혼자 힘으로라도 해나가리라 마음먹었다. 회장 재직 중 하지 못한 일 가운데 하나가 제과점업이 휴게실 영업으로 통합돼 업계 전체에 애로사항이 많았는데 이것을 해결하지 못한 것이었다. 엄연히 업태가 다른 다방이나 간이음식점 등과 같이 취급되는 것이 안타까웠고, 특별한 전문성이 요구되는 제과점 영업 본래의 모습으로 환원되어야만 했다.

때문에 나는 회장 재직 시 인맥과 개인적 친분까지 동원해 그 당시 보건복지부에 꾸준히 청원을 넣었고, 어느 정도 가능성을 언질 받았을 때 협회를 통해 정식 건의서를 제출토록 했다. 그 결과 2005년 식품위생법이 개정될 때 마침내 제과점 영업이 별도의 업종으로 다시 독립하게 되었다.

이것은 내가 임기 중 노력을 기울인 동일 행정구역 내 2개 매장까지는 1개 공장으로 운영이 가능토록 법제화한 것과 함께 업계에 꼭 필요한 사항이었다. 2점포 1공장 허용은 공장이 없어도 운영되어 온 프랜차이즈 점포에 비해 개인제과점의 경우 제과점마다 공장 시설을 갖춰야만 하는 법적 불리함을 조금이라도 완화해 경쟁력을 갖게 하려는 의도에서 추진하였다. 쉽지 않았지만 꾸준히 이의를 제기하고 건의해 이루어 낸 법적 승리였다.

또 한 가지 개인 자격으로 업계 전체를 대변한 사건은 바움쿠헨 특허 사건이다. 2009년 3월 모 업체가 자기들이 바움쿠헨을 특허청에 상표로 등록했으니 앞으로 자기들 허락 없이 바움쿠헨이라는 명칭을 사용하지 말라는 경고장을 보내왔다. 기가 막혔다. 보편적인 제품명을 상표로 출원한 사람도 그렇지만 이 등록을 받아준 특허청의 무지도 문제였다. 여러 가지 생각할 필요도 없이 그냥 개인적으로 특허 무효소송을 냈다. 증거는 차고 넘쳤고, 자신도 있었기에 소송을 밀어붙였고, 2010년 2월 승소 확정 판결문을 받았다. 일종의 해프닝이기도 했지만 내버려두었다면 지금까지도 그 업체는 여러 업체를 괴롭히며 손해배상을 요구했을 것이다.

대한민국 제과명장, 국민훈장목련장을 받다

1986년도부터 시행된 국가 명장제도가 내가 회장 재직 중이었던 2000년부터는 제과 분야까지 확대되었다. 명장선정 및 추천서류가 협회를 통해서 가능했으나 회장의 입장에서 직접 신청할 수는 없었다. 그해에 박찬회 씨가 10월 26일 1대 제과명장에 선정되었고, 다음 해인 2001년에는 신라명과에 근무하던 임헌양 씨가 2대 제과명장에 선정되었다. 여러 가지를 생각하며 머뭇거리던 나에게 제과명장이라는 타이틀이 어쩌면 그동안의 내 제과인생을 인정받고 새 길을 여는 통과의례가 될지도 모른다는 생각이 들었다.

지체 없이 정윤용 씨와 함께 서류를 준비했다. 서류를 준비하다보니 파란만장한 40여 년의 세월이 꿈같이 흘렀음을 알게 됐지만 그 사이 이룬 것도 많았다는 감사함도 느끼게 되었다. 일목요연하게 정리된 40여 년의 제과인생이 제과명장으로 하나의 큰 매듭이 지어지겠구나 하는 확신이 들었다. 염려한 대로 업계 선배님을 비롯한 경쟁 상대들이 있었지만 2002년 11월 3대 제과명장에 무난히 선정되었다. '나는 이제 대한민국 제과명장이라는 타이틀로 우리 제과업계에 더 많은 책임과 봉사 기회를 부여받았구나.' 이것이 내가 제과명장이 된 날 처음 떠올린 소감이었다. 그것은 명장의 임무에 명시된 조항이기도 했다. 이미 후배 양성을 위한 교육에 몸담고 있으니 명장으로서 더욱 건실한 교육을

제 336 호

대한민국 명장 증서

성 명 : 권 상 범
직 종 : 제 과

귀하는 숙련기술자 최고의 영예인 대한민국 명장으로 선정되었기에 「숙련기술장려법」의 규정에 따라 "대한민국 명장" 칭호를 부여하고 이 증서를 수여합니다.

2011년 6월 3일

고용노동부장관 이 채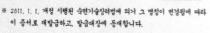

※ 2011. 1. 1. 개정 시행된 숙련기술장려법에 의거 그 명칭이 변경됨에 따라 이 증서로 재발급하고, 발급대장에 등재합니다.

* 명장 증서, 명장 마크

하고, 교육현장 이외의 행사를 통해서도 후배들 앞에 당당한 선배로서의 역할을 해야겠다고 다짐했다.

제과명장이라는 타이틀은 참으로 영광스러운 이름이다. 내가 제과 기술에 입문하고 기술을 익힐 당시에는 상상도 할 수 없었던 제도이다. 그저 먹고 살기 위해 익혀야 했던 기능이었고, 하다 보니 조금씩 더 나아가게 됐고, 스승 같은 사장님이나 선배님을 만나 더 많이 배울 수 있었고, 나의 잠재력을 인정하고 발휘할 수 있도록 도와준 배우자를 만나 사업도 키웠다. 여기까지만도 감사한데 국가에서 명장으로 인정까지 해주는 데야 어찌 감사하고 뿌듯하지 않으랴.

2002년에는 11월 제과명장에 선정되고 1개월 뒤 대통령 표창도 받았다. 마포구 지역사업자로 사업을 영위하며 불우이웃돕기는 물론 지역행사 때마다 나름의 기부와 참여로 내가 할 몫을 해왔고, 1일 마포세무서장을 비롯해 동네 방범 위원까지 지자체에서 맡아달라는 일들은 마다하지 않고 시간을 쪼개 참여했다. 만약 내가 그런 일들로 받은 감사장이나 상패, 인증패들을 여기에 다 열거한다면 그것만으로도 이 책 한두 페이지 이상을 채울 수 있을 것이다.

또 한 가지 감사한 일은 2006년 12월에 있었다. 국가로부터 '국민훈장목련장'을 수여받았다. 대한민국제과명장이 나의 직업인으로서의 명예였다면 이 훈장은 제과점을 운영하면서 알게 모르게 지역사회와 국가를 위해 해온 활동에 대한 포상이었다. 민주평통자문위원은 국가 자문기구로서 사회적으로 각자의 분야에서 권위를 인정받는 인사들이 주로 위촉되는 것으로 알고 있는데, 나도 위원으로 선정돼 활동해왔고, 이때의 활동과 그동안의 사회적 업적을 인정받아 2006년에 훈장까지 수여받은 것이다. 국민훈장은 사실나에게는 과분한 포상일지도 모른다. 그러나 내가 받고 싶다고 해서 받을 수 있는 것도아니고, 제과인으로서도 영광스러운 일이라 감사한 마음으로 훈장을 받았다.

내가 걸어온 직업인으로서의 한결같은 여정을 대한민국 제과명장이라는 타이틀로인정받았다면, 국민훈장목련장은 내가 해온 일들이 이 국가와 사회에 도움이 되었음을인증하는 표상이라 생각한다. 빵, 과자와 함께 묵묵히 평생을 살아온 내가 더 이상 바랄것이 무엇이 있겠는가. 가족들의 축하를 받으면서 얼마 전 돌아가신 어머님께 이 모습을보여드리지 못함이 못내 아쉬웠다.

* 2006년 12월 국민훈장목련장을 수여받았다. 기념사진, 훈장증, 훈장

리치몬드 홍대점과 이별하던 날

2012년 1월 31일은 내 인생에서 가장 허망했던 날이다. 아니, 사실은 그 다음 날이 더 허망했다. 31일은 쓸쓸하면서도 정신없이 분주하고 뭔가 중요한 것을 떼어 내는 것 같은 허전함이 가슴을 짓누르는데도, 그날 꼭 이사해야 하는 사람처럼 서성이고 정든 것들을 만져보기도 하고 체념했다가 반가운 분들이 보이면 다가가 인사도 하며 들뜬 하루를 보냈다. 대한민국의 거의 모든 언론이 리치몬드 홍대점의 폐점 소식을 뉴스로 전하고, 30년을 한결같이 이용해준 고객들이 홍대점의 마지막을 함께하겠다고, 리치몬드를 응원하겠다고, 평소보다 5배 가깝게 찾아오셨다. 때문에 폐점을 예정했던 밤 11시 이전에 가게의 모든 물건이 동이 났다. 직원들과 함께 이별 의식을 가진 후, 상징적으로 리치몬드 홍대점을 찾는 모든 고객들이 제일 먼저 잡고 들어오는 입구 문손잡이를 떼어 내면서 홍대점 30년의 역사를 마무리했다.

다음 날 아침 눈을 뜨자마자 자꾸만 홍대점 쪽으로 향하는 몸과 마음을 주체하지 못하고 끝내 하늘을 보고 말았다. 우리는 왜 100년, 200년을 한자리에서 같은 제품을 팔며 전통을 자랑하는 가게를 갖지 못하는 것일까? 오래전 파리에 갔을 때 1730년에 개점해 그때까지 280여 년을 유지해 온 파리에서 가장 오래된 제과점 스토레(Stohrer)사장에게 제일 자랑스럽게 생각하는 것이 무엇이냐고 물어봤을 때 "창업자가 만든 과자 바바(baba)를 지금까지도 그대로 만들어 팔고 있다."고 하던 자부심이 너무 부러웠었다.

홍대점의 폐점을 앞두고 TV방송사는 물론 대형 일간지를 비롯한 거의 모든 매스컴이 대기업의 골목상권 침투와 동네빵집 피해를 이야기하며 리치몬드 홍대점의 폐점 사실을 애석해했다. "항상 '빵 만드는 노동자가 되면 안 된다'고 주장하며 진정한 장인의 정신을 지키기 위해 백화점 입점도, 프랜차이즈식 점포 확대도 거부하던 제과명장을 홀대하고, 아름다운 추억의 가치를 경제 논리로 일순간 소멸시켜버리는 이 사회의 미래에 대해 우리는 오래 고민해야 한다."고 그 당시 한 홍익대 대학원생이 신문에 기고한 글이 지금도 내 마음을 대변하고 있다.

하기야 홍대점을 30년 동안 지켜오는 데도 우여곡절은 많았다. 홍대상권이 발전하면서 그 지역 상가들의 임대료는 날이 갈수록 천정부지로 치솟았고, 사업이 잘되던 리치몬드 또한 알아서 임대료를 올려주고 주변 눈치도 봐야 했다. 건물주가 2대째로 이어지고 파리바게뜨 등의 프랜차이즈가 확장세를 타면서부터는 더욱 입질이 심해졌다. 그 자리를 파리바게뜨로 바꾸지 않으면 바로 옆에 지점을 내겠다는 압박을 하거나, 심지어 2007년에는 건물주가 임대료를 2배 올려 파리바게뜨와 계약하겠다고 통보해와 황급

* 홍대점 폐점 사진

히 보증금 2배, 월 임대료 120%를 올려주는 조건으로 겨우 30년의 명맥을 이을 수 있었던 일도 있었다. 그러나 이번에는 롯데그룹이라는 대재벌이 나서서 다시 2배 이상의 임대료를 더 주고 건물을 통째로 쓰겠다고 제안하는 바람에 더는 견디지 못하고 손을 들고 말았다.

다행히 이때를 대비해 성산동 본점을 인근에 오픈하고 있었기에 어느 정도는 위안이 되었지만 그 서운함과 패배감은 지금도 잊을 수 없다. 역설적이게도 리치몬드 홍대점의 폐점으로 인해 동네 빵집들의 애로사항이 크게 여론화되었고, 재벌들의 욕심으로부터 골목상권을 보존해야 한다는 여론이 형성되어 그 후 6년간 동네빵집이 중소기업 적합업종으로 선정되고, 개인 제과점이 다시 융성할 수 있는 기틀이 마련되기도 했다. 나는 건물주와 마지막 협상에서 앞으로 5년간 그 자리에 제과점을 내주지 않는다는 각서까지 받고 폐업을 했고, 그 자리는 지금 롯데가 운영하는 커피숍 엔젤리너스가 자리 잡고 있으나 리치몬드 시절만큼 번성하는 모습은 아닌 것 같다.

세상에서 가장 맛있는 음식은 과자

연도는 잘 기억나지 않지만 아주 오래전 일본에서 택시를 타고 가는 도중 라디오를 타고 흘러나온 이야기가 내 귀를 번쩍 뜨이게 했다. 아나운서와 어린아이의 대화로 진행되던 프로였는데 아나운서가 세상에서 인간이 만든 음식 중 가장 맛있는 음식은 무엇이라고 생각하느냐고 묻자, 어린아이는 "세상에서 가장 맛있는 음식은 과자"라고 또렷하게 대답했다.

'그렇다 내가 만드는 과자는 세상에서 가장 맛있는 음식이다. 나는 세상에서 가장 맛있는 음식을 만드는 사람이고, 그중에서도 더 뛰어난 과자를 만들어 가리라.' 다짐했었다. 그 목소리는 그 이후로도 내 머릿속에 맴돌았고, 어느 날 강화도 보문사에 들르던 날 나무판자 등에 글씨를 새겨주는 사람이 있어 박공예로 그 말을 새겨 달라고 했다. 늘 집에 걸어두고 생각날 때마다 쳐다보며 그날의 감동을, 내 직업의 자부심을 되새기곤 한다.

비슷한 이야기로 내가 처음 사업을 시작하고 얼마 되지 않았을 때 일본 오너셰프들을 만나면 그들이 늘 농담처럼 하던 말이 있다. "권상, 야키 파나시, 무시 파나시, 아게 파나시 세 가지만하면 돈은 벌게 돼 있어요."라고 했는데 그것은 굽고, 찌고, 튀기는 음식을 팔면 돈을 번다는 그들의 장사비법 같은 속담이었다. 제과점은 이 세 가지를 모두

할 수 있는 사업이고, 한눈만 팔지 않으면 성공 가능성이 아주 높은 사업인 것이다. 그러나 이런 이야기가 귀에 쏙쏙 들어오는 건 내가 하는 사업에 온 힘을 쏟고 있을 때이다. 그럴 때만 가치 있는 이야기가 더 크고 울림 있게 들린다.

내가 이런 이야기를 꺼낸 이유는 기업인의 사회참여에 대해 나의 경험을 몇 가지 나누고자 해서이다. 사업을 하다 보면 동업자들끼리 또는 의견이 맞는 사람들끼리 사회활동을 하게 되는 경우가 생긴다. 동업자 단체도 있고 지역사회 활동도 있고 정치적 모임에 참여하기도 한다. 그러나 이 모든 활동은 자기 일을 충실히 한 후에 봉사 차원에서 넘치지 않게 하는 것이 좋겠다는 생각이다. 일부 선배와 후배 중에는 이것이 뒤바뀌어 자기 사업을 소홀히 하는 경우가 종종 있는데 단 한 번도 이들이 본업을 열심히 하는 것보다 더 성공하는 사례를 보지 못했다.

'자기 직업이 자신의 뿌리'라는 생각으로 그 외의 것들은 과감히 사양하는 태도가 필요하고, 항상 적당한 선에서 사업 아닌 것으로부터 빠져나올 수 있는 마음가짐이 중요하다고 본다. 나 또한 이런 마음을 잃지 않으려고 애쓰고 삼갔음에도 마포구 관내 이런저런 직함을 가졌고, 대한제과협회장도 역임했고 사회적 직책을 맡기도 했다. 스스로 나서지 않고 여러 가지 제안들을 사양했음에도 이 정도인데 만약 여기저기 단체나 권력의 근처를 기웃거리기라도 했다면 아마 그 일들이 나를 삼켜버렸을지도 모른다. 홍대점이 대기업들의 등쌀에 문을 내리기 훨씬 전에 그보다 너한 일을 겪었을 수도 있다.

또 한 가지, 동업자들의 고난을 외면하거나 피해가 되는 일을 해서는 안 된다고 생각한다. 그동안 업계 선후배 중에는 어려움이 있어 잠시 우리 가게에서 일을 해야 했던 경우도 있었는데 어떤 경우라도 나는 미력이나마 도움이 되고 싶었다. 작은 일이라도 나누어 생활할 수 있도록 도왔고, 다시 기운 차려 재기할 수 있기를 바랐다.

그중에서도 이미 고인이 된 양관승 사장 같은 친구는 정말 안타까운 사례로, 부산에서 너무 잘 나가던 사람이 한 번의 판단 실수로 사업을 접게 되었고, 리치몬드에서 같이 일을 하다가 끝내 지병을 이기지 못하고 명을 달리해 지금까지도 늘 마음에 걸려 있다. 선배님 중에도 여러 가지 우환으로 힘들어하시는 분들이 계셨는데 그중에는 대한민국 제과업계를 호령하던 분도 계셨다. 별도로 작업장을 만들어 드리고 조금이라도 도움이 되고자 했으나 끝내 소중한 이를 잃는 불행을 겪으셔서 마음이 너무 아팠다.

본인의 잘못이 아니라도 불행은 찾아올 수 있다. 세상일은 그래서 마음대로 할 수 없고 모든 게 좋을 수도 없는 것이지만 내가 할 수 있는 범위 안에서 나에게 주어진 상황

속에서 '본분에 충실하자.'는 것이 나의 사업철학이다.

내가 제과인들을 한 식구로 생각하는 것은 내 후배들과의 모임인 거암회에 대한 애착으로도 알 수 있다. 나로 인해 생겨났다고 해도 과언이 아닌 거암회와는 내 제과인생의 3분의 2이상을 같이 해왔고, 그 가족들과도 40여 년을 함께 해왔다. 1978년에 결성됐고, 40주년이 되던 2018년에는 부부동반으로 2박 3일 동안 유명사찰과 명승지를 돌며 단체여행을 하기도 했다.

쉬지 않으면 마침내 이루어진다

"쉬지 않으면 마침내 이루어진다." 법구경에 있는 말이다. 나의 좌우명이고 그렇게 살아왔다. 평생을 매일 5시 이전에 일어났고 12시 이전에 자보지 못했다. 그리고 한시도 떠나지 않고 과자와 함께 살아왔다. 이외에 또 한마디 만고불변의 진리 같은 말을 채찍 삼아 지니고 살았다. "세상에 공짜는 없다."는 말. 그냥 주어지는 것은 공기와 물, 발 디딜 땅 정도. 그것도 깨끗한 공기와 물 마른 땅은 대가 없이 누릴 수 없다. 살아오면서 노력 없이 얻을 수 있는 것은 아무것도 없다는 걸 뼈저리게 경험했고, 아무리 좋은 기회도 준비되어 있지 않으면 무용지물이라는 것을 수없이 느꼈다. 준비가 없으면 아예 그것이 기회인지도 모른다.

나는 거의 150여 회 이상 일본을 다녀왔고, 지금도 1년에 한 번 이상 학원 학생들을 인솔하고 동경제과학교 연수도 가고 일본 업계도 돌아본다. 그러나 그동안 한 번도 오모테산도에 있는 요쿠모쿠 본점에서 커피를 마시거나 할 시간이 없었다. 그러다가 2018년도에 처음으로 함께 간 리치몬드 직원들과 함께 그곳에서 식사도 하고 커피도 마실 기회가 있었다. 그런데 정말 놀라울 정도로 커피가 맛있었다. 과자도 커피와 딱 어울렸고, 왜 요쿠모쿠인가를 알 수 있었다. 수십 년을 한 자리에서 최고의 커피와 과자를 대접해 온 그들의 장인정신을 그 커피 한 잔으로 느낄 수 있었다. 그동안은 일본 호텔의 커피 맛이 최고인 줄만 알았던 나 자신의 단편적 견해도 수정해야 했다.

'정말 겸손해야 하는구나.', '기술의 세계에는 늘 한 수 높은 고수가 어디엔가 존재하고 있다는 걸 잊어서는 안 되는구나.'를 되뇌게 했다.

내가 처음 야생효모라는 이름으로 천연발효빵을 소개받은 건 1980년대 후반 후쿠오카에서였다. 그런데 우리나라 최초의 제과 기술자이자 근대 제과 기술을 우리에게 전수해 준 김환식 선생은 1950년대에 이미 술로 빵을 만들어 보급했다. 지금 우리가 천연발효 빵이니 자연발효 빵이니 하는 발효종 빵을 술 즉, 주종을 이용해 만들어 시중에 판매했다. 그 당시는 이스트가 별로 좋지 않았고, 보급도 잘 되지 않아 이런 방식으로 빵을 만들기도 했고, 이스트는 미리 물에 풀어 올려 써야만 했다. 그땐 몰랐지만 나중에 알고 보니 이것도 엄연한 제빵법 중의 하나였다.

기술에 교만은 금물이다. 내가 제과업계에 입문한 초기 풍년제과에서 반죽을 담당할 때 밤늦게 빵 반죽을 쳐놓고 잠이 들면 대개 3시나 4시에 일어나 성형에 들어가야 하는데 어쩌다 잠깐 늦게 깨 보면 반죽이 과발효돼 주저앉아 있는 경우가 있었다. 이럴 때 어떻게 하면 반죽을 되살릴 수 있을까 고민하다 생밀가루를 더 넣어 반죽하면 다시 반죽이 회복된다는 것을 알게 됐는데, 나중에 알고 보니 이것이 바로 중종법(스펀지법)이었다. 기술은 이렇게 발견되고 개발되어 이용되는 것이다. 전혀 새로운 것도 누구도 하지 않던 것도 없다. 약간 다른 형태가 있고 본인만의 노하우가 조금 가미된 경우가 있을 뿐이다.

그리고 나보다 나은 사람이 어디엔가 꼭 있다고 보면 옳다. 겸손하게 배우는 자세, 항상 공부하는 자세가 제과인에게는 꼭 필요하다고 본다. 기술에 대해 이야기하다 보면 후배들에게 꼭 하고 싶은 이야기가 또 있다. 업계에 50년 넘게 근무했는데도 가까운 일본에도 가보지 않은 기술인이 있다는 이야기를 듣고 놀랐던 적이 있다. 형편이 어려워서 그랬을 수도 있겠으나 배우고 싶은 마음이 더 컸다면, 보다 더 넓은 세상을 경험하고 싶은 마음이 있었다면 그러지 않았을 것이라는 안타까움이 있었다.

과자를 공부하면서 영어든 불어든 일본어든 외국어 하나는 하는 것이 좋고, 가급적이면 우리보다 발전한 본고장 동종업계를 살펴볼 기회를 종종 갖는 것이 좋다고 권하고 싶다. 갔다 오면 다 도망가는데 뭐하러 돈 들여 보내느냐고 핀잔주는 주변사람들의 의견을 물리치고, 내가 우리 가게 기술인들을 해외에 꼭 연수 보내려고 하는 것도 그들의 안목이 높아지면 우리나라 전체 제과업계의 안목도 그만큼 높아지리라 생각하기 때문이다.

또 한 가지는 꼭 제과에만 매몰돼 있는 것도 좋지 않다고 이야기하고 싶다. 폭넓은 독서와 경험으로 시대의 흐름이나 유행 등도 파악하는 것이 세련된 제과인이 되는 데 도움이 되는 길이라고 권하고 싶다.

머리 고정하고 하루 1천 개씩 연습

　내가 얼마나 우직한 사람인지, 나름으로는 초심을 잃지 않고 늘 열심히 정직하게 원칙대로 살려고 노력해 왔지만, 때로는 우매하다 싶을 정도로 고지식했다는 것도 부인하지 못하겠다. 마흔이 다 되도록 취미라는 것이 없었다. 고작 삼선교 나폴레옹시절에 같은 건물 2층에 탁구장과 당구장이 있었으나 사행성이 있는 당구는 돌아보지도 않고 가끔 탁구는 즐겼다. 자꾸 치다 보니 여기저기 기술자들이 놀러왔을 때 겨루어서 별로 지는 일이 없을 정도로 좋아했지만 그렇다고 거기에 매달려 시간을 허비할 정도는 아니었다.

　내 가게를 시작하고 홍대점이 자리잡혀갈 때인 1984년도 후반에 주변의 권유로 골프를 시작했는데 이것이 내 적성에 참 잘 맞았던 것 같다. 골프를 시작할 때 처음 6개월간은 누가 뭐라 해도 유혹에 넘어가 필드에 따라 나가지 말고 "머리 박고 하루에 1천 개씩 연습해야 잘 칠 수 있다."는 이야기를 듣고 그야말로 그대로 우직하게 6개월간을 매일 1천 개씩 쳤다. 이런 나를 미련하다 하는 사람이 있을지 모르지만 6개월 후 처음 필드에 나갔을 때 프로보다도 더 많이 거리가 나는 것을 보고 같이 간 사람들이 놀라워했으니 그런 연습 방법이 전혀 쓸모없는 것은 아니었던 것 같다.

필드에 나가 보니 골프는 내가 노력한 만큼 결과가 나왔고 치는 대로 점수를 기록하는 나와의 싸움이고 정직한 게임이라는 점이 마음에 들었고, 주어진 자연을 극복해 나가는 운동으로서의 묘미도 있어 평생의 취미로 삼았다. 골프를 시작한 지 1년 반 만에 싱글이 되었고, 싱글패는 79타를 쳤을 때야 진정한 싱글이라고 패를 받았으니 매일 1천 개씩 연습하던 고집과 끈질김이 그때서야 보상을 받은 것 같았다.

초기에는 경기도 기흥에 있는 골드CC의 회원권을 보유하고 자주 다녔는데, 이왕 다닐 바에는 클럽챔피언에 도전해보는 것도 의미가 있을 것 같아 1999년에 처음 챔피언 결정전에 나갔다. 그런데 첫 출전에 덜컥 준우승을 하는 바람에 유명 인사가 되었고 여기저기서 도전도 들어왔다. 한두 번 받아주다 이러다 본업이 바뀌겠다 싶어 그 뒤로는 대회에도 나가지 않고 주로 동업자나 친목을 위한 게임 정도로 자제했다. 이 시기 나의 골프 성적은 쳤다 하면 싱글을 기록할 정도인 핸디 9 이하였지만 베스트스코어는 2언더 70타로, 영원한 희망인 60타 대 스코어는 기록해보지 못했다.

나의 우직함을 이야기하려다 골프이야기도 하게 되었지만 사람이 초지일관 똑같은 마음을 유지한다는 것이 쉬운 일은 아니다. 아내가 나에 대해 다른 사람에게 이야기하면서 "자신이 한 번 마음먹으면 꼭 그대로 하는 점이 존경스럽다. 아무리 늦게까지 술을 마

* 1999년 첫 출전한 클럽 챔피언 결정전에서 준우승을 거두었다.

셔도 자기가 마음먹은 시간에 꼭 일어나 해야 할 일은 하는 것, 모든 것을 기록하고 나중에 비교하는 것 등을 하루도 빠짐없이 지금까지 하고 있다."고 말하는 것을 듣고 가족조차도 그런 것은 평가하고 있었구나 생각했다.

물론 그 점에 있어서는 아내도 마찬가지이다. 언제나 사업이 우선이었고 늘 최고를 추구했으며 사업적으로 내가 부족한 부분을 늘 완벽하게 채워주었다. 과자의 맛과 모양은 내가 책임질 수 있었지만 나머지 인테리어나 포장, 매장관리는 모두 아내가 맡아줬다. 아마도 이러한 팀워크와 뒷받침이 없었다면 나 홀로 초지일관한다 해도 더 좋은 성과가 나오지는 않았을 것이다. 하지만 나의 중심만은 늘 내 마음 안에 있었고 기술적인 문제나 가게 운영 면에서 내가 세운 원칙들을 잘 지켜 왔다.

내가 세우고 평생 우직하게 지켜온 원칙은 첫째, 기술이든 제품이든 항상 최고를 추구하고 둘째, 가격 경쟁 말고 품질 경쟁할 것이며 셋째, 욕심부리지 않고 정직하게 하는 것이었다. 제과에 입문한 지 60년이 되는 지금까지도 나는 나의 이 원칙이 옳다고 믿고 있으며, 여기서 한 발짝도 벗어나지 않았다. 그렇게 해왔어도 장사가 안돼 고민하고 힘들어해 본 적이 없었던 것 같다. 나나 아내나 다시 태어나도 빵집을 하면 더 잘 할 수 있을 것이라는 생각을 가지고 있고, 우리 자식들에게도 그렇게 당당하게 이야기한 바 있다.

고맙고 미안한 어머니, 그리고 우리 아이들

이 나이가 되고 보니 이미 고인이 되셨지만 어머니의 고단했던 일생을 가끔 되돌아보게 된다. 26세에 혼자 되셨고, 외아들인 나를 항상 남편 겸 아들이라고 주변에 말씀하시곤 했다. 며느리에게는 늘 환갑을 성대히 차려 주고 장례를 잘 치러달라고 부탁하셨다. 22세에 결혼해 5년 만에 남편을 잃고 어린 자식 셋을 홀로 키우시면서 얼마나 힘든 세월을 견뎌오셨을까. 돈벌이도 없는 시골구석에서 온갖 허드렛일과 삯바느질로 근근이 연명하면서도 자식들만큼은 공부시켜 번듯하게 살게 하겠다고 얼마나 이를 악물었을까. 부부가 함께, 자식들까지 힘을 합해도 살아가기 힘들었던 시기에 여자 혼자 몸으로 끼니도 제대로 때우지 못하며 지냈을 텐데, 나에게 만큼은 그런 내색 없이 나이가 어려도 가장으로 대우하고 믿어주셨다.

내가 타향살이를 시작한 이후에는 그런 어머니를 위해 마당 한 번 제대로 쓸어드리지 못하고, 내 몸 하나 건사하기에도 바빠 그저 생활비 몇 푼 보내드리는 걸로 내 할 일다 했다고 무심코 넘어갔던 세월이 못내 죄송하다. 내가 결혼하고 큰딸 지은이와 형준이를 낳았을 때도 어머니는 짐이 될까봐 올라오지 않으셨다. 그때 형편으로는 모실 방도없어 어쩔 수 없었지만. 호준이를 낳게 될 때쯤 우리가 처음 집을 사고 나서야 어머니는 시골 살림을 청산하고 올라오셨다. 올라오신 이후에는 장사에 매달려 사는 나와 며느리를 대신해 집안 살림을 하고 손주들을 맡아 키우셨다. 내 사업의 3분의 1은 어머니의 이런 희생이 없었다면 이루어지지 않았을 것이다.

어머니는 아마 본인이 오래 사시지 못할 것이라고 생각하셨던 것 같다. 그러기에 환갑과 장례를 잘 치러달라고 당부하셨을 것이고, 나는 그 말씀만큼은 꼭 들어드리고 싶어 가족과 친지들을 불러 환갑도, 고희도 성대히 차려드렸다. 특히 팔순에는 내가 아는 업계의 모든 분들께도 연락을 드려 어머니의 장수를 빌고 자식이 이만큼 잘 살아왔음을 보여드릴 수 있었다. 이날 어머니를 가마 태우고 업어드리기도 한 업계 후배들과 친지들에게 이번 기회를 빌려 다시 한번 감사드린다.

나에게 첫 번째 큰 기쁨을 안겨준 자식은 큰딸 지은이다. 결혼한 그해 추운 겨울에 태어났고, 자고 일어나면 방안에 얼음이 얼어 있는 단칸 셋방에서 태어났지만 첫 생명으로 우리에겐 큰 기쁨이었다. 미적 소질이 있어 미술을 전공하고, 한때는 리치몬드 디자인 실장을 맡아 리치몬드 기조색부터 로고까지 여러 기본 디자인을 정립하기도 했으나 제과점 운영보다는 본인의 적성에 더 맞는 불교 미술 쪽으로 자기 길을 찾아나갔다. 그리고 우리나라에서 몇 안 되는 탱화 전문가로 인정받아 박사학위까지 취득하고 국립 한

* 2003년 어머니 신갑영 여사 팔순 기념연

국전통문화대학교 전통미술공예학과 전임교수가 되어 가방끈 짧은 아빠의 자랑이 되어 주었다.

큰아들 형준이는 다행히도 아비의 대를 이어 제과인의 길을 걷게 되었다. 대학을 다닐 때까지만 해도 전공이 경제학이었고 제과업에 그렇게 큰 관심을 보이지 않았으나 군대를 다녀온 후 가업을 잇기로 결심해 줬다. 동경제과학교를 졸업하고 아르바이트를 해가며 일본과 프랑스제과점에서 9년 동안 현장 기술을 익히고 돌아왔다. 귀국 후 리치몬드 공장에서 바닥부터 다시 일을 시작했고, 나중에는 공장을 맡아 운영하고 자신의 가게도 독자적으로 운영하면서 경험을 쌓는 걸 보고 2014년 1월 1일자로 리치몬드제과 본점을 인계했다.

태어난 지 얼마 안 돼서부터 아빠, 엄마가 장사를 시작하는 바람에 할머니 손에서 자랐고, 가족 간의 대소사와 리치몬드의 우여곡절도 다 지켜보면서 묵묵히 자라준 막내 아들 호준이도 이때 이대점을 맡아 수년간 제과업을 이어갔으나 대기업들의 끊임없는 도전에 자리를 내주고 지금은 대치동 리치몬드상가를 맡아 운영하고 있다.

모두 결혼하여 가정을 이루고, 말로는 다 표현 못할 만큼 사랑스런 손주들도 있으나 이 이야기는 자식들의 몫으로 남겨두고 싶다.

죽을 때까지 제과인으로 살아가겠지만 내가 살아 있는 동안 뒤에서 자식들이 백년기업으로 키워가는 것을 지켜보는 것도 의미가 있을 듯하다. 이만하면 잘 살았고, 후회 없고, 자식들이 가업까지 이어주었으니 얼마나 흡족한가!

2부

—

리치몬드를 빛낸 제품들

밤식빵

내가 아현동에 처음 가게를 열고 얼마 안 돼 개발된 제품이다. 우리 가게의 첫 번째 히트 상품이 됐고
전국적으로 퍼져 지금은 제과제빵기능사 시험품목이 될 정도로 보편적인 제품이 됐다.

1 스펀지의 전 재료를 넣고 30% 정도 믹싱한다.

2 스펀지를 발효시킨다.

3 버터를 제외한 본 반죽 재료를 넣고 저속 3분 후
버터를 여러 번 나누어 넣고 고속 6분 동안 믹싱한다.

4 15분 동안 실온에서 1차 발효시킨다.

5 반죽을 400g씩 분할한다.

6 15~20분 동안 중간발효시킨다.

7 밀대를 이용해 반죽을 타원형으로 길게 밀어 편 후
밤 120g을 넣고 타원형으로 말아 식빵 팬에 팬닝한다.
(one loaf형)

8 온도 34℃, 습도 85%로 30~40분 동안 틀 높이의
70~80%까지 올라오도록 2차 발효시킨다.

9 밤슈를 짠 후 아몬드 슬라이스(분량 외)를 뿌린다.

10 175℃ 오븐에서 40분 동안 굽는다.

˙ 밤슈

1 물, 설탕, 버터를 끓인다.

2 체 친 중력분을 넣고 거품기로 호화시킨다.

3 달걀 10개를 나누어 넣고 섞는다.

20개 분량

스펀지

재료명	비율(%)	중량(g)
강력분	70.17	4800
설탕	2.85	195
이스트	2.19	150
VX-1	0.44	30
물	19.73	1350
달걀		30개

본 반죽

중력분	29.8	2040
설탕	17.5	1200
소금	1.75	120
이스트	1.3	90
분유	4.38	300
물	5.48	375
버터	29.38	2010
유화제	1	68

밤슈(12개 분량)

달걀		10개
물	50	500
설탕	80	800
버터	100	1000
중력분	100	1000

충전물

밤		2400

ⓡ
바움쿠헨

바움쿠헨도 우리나라에서는 내가 처음 기계를 도입하고 본격적으로 만들었다.
바움쿠헨이라는 이름이 잘 알려지지 않은 점을 이용해 누군가가 이 이름을 상표등록한 것을 알고
2009년 나 혼자 힘으로 1년간 소송을 진행해 특허를 무효화시켰다.

1 전란을 푼 후 설탕을 넣고 섞는다.

2 중탕한다.

3 중탕한 유화제와 유동쇼트닝을 ②에 넣고 섞는다.

4 중탕한 반죽을 기계를 이용해 70% 정도 믹싱한다.

5 체 친 박력분, 전분, B.P를 넣고 섞는다.

6 버터와 생크림은 중탕을 한 후 네그리타 럼, 오렌지필과 함께
5에 넣고 버터가 잘 섞이도록 젓는다.

° 굽기

1 바움쿠헨 봉에 쿠킹포일을 기포가 들어가지 않게 잘 감싸고
양끝 부분을 알루미늄 테이프로 봉합한다.

2 기계를 10분 정도 예열한 후 단단히 구워질 수 있도록
반죽이 고동빛 정도로 색이 날 때까지 약 3회 반복해서 굽는다.

3 조금 연한 색깔로 반죽이 다 소진될 때까지 반복해서 묻히고
돌리면서 굽는다.

4 지름 20cm, 두께 6cm로 재단한다.

재료명	비율(%)	중량(g)
전란	459.67	5700
설탕	277.41	3440
전분	185.48	2300
박력분	100	1240
B.P	4.03	50
버터	116.12	1440
생크림	116.12	1440
네그리타 럼	8.06	100
오렌지필	24.19	300
유화제	9.67	120
유동쇼트닝	120.96	1500

Ⓡ 가토 피레네

바움쿠헨과 같은 형태의 과자지만 피레네 산맥처럼 울퉁불퉁한 모양의 가토 피레네.
이 제품 역시 국내에서는 리치몬드에서만 볼 수 있는 제품이었다.

1 냄비에 버터를 녹인 후 오렌지필을 갈아 섞는다.
2 볼에 황란, 설탕을 넣고 하얗게 될 때까지 거품을 올린다.
3 믹서에 흰자, 소금을 넣어 머랭을 올린다.
4 ②에 녹인 버터를 넣어 섞는다.
5 100% 올린 머랭 1/2을 ④에 섞은 뒤 체 친 가루류를 넣어
  섞고 나머지 머랭 1/2을 넣어 섞는다.

· 굽기

1 바움쿠헨용 봉에 기포가 들어가지 않게 쿠킹포일을 잘 감싸고
  양끝 부분을 알루미늄 테이프로 봉합한다.
2 가토 피레네 오븐을 10분 정도 예열한 후 반죽을 균일하게 묻히고
  세로로 불규칙하게 선을 넣듯 반죽을 묻혀 굽는다.
3 반죽이 고동빛을 띠도록 3번 정도 반복해 굽는다.
4 반죽을 소진할 때까지 반복해서 묻히며 손가락을 이용해서 선을 긋는다.
5 하루 식힌 후 표면에 살구잼을 골고루 바른다.
6 잼이 마르면 혼당(분량 외)에 레몬주스 1뚜껑(분량 외)을 넣어 푼 뒤
  뿔 부분에 묻힌다.
7 20㎝으로 재단한 후 데코스노우(분량 외)를 뿌려 완성한다.

· 살구잼

1 냄비에 퓌레를 녹인 후 설탕 1/2을 넣고 섞는다.
2 나머지 설탕 1/2과 펙틴을 섞은 뒤 100℃까지 끓여 완성한다.

대 3개 | 소 4개

반죽

재료명	비율(%)	중량(g)
황란	110	837
설탕	220	1673
버터	200	1520
오렌지필	33	253
흰자	143	1090
소금	6	48
박력분	100	760
강력분	100	760
B.P	2	16

살구잼

재료명	중량(g)
냉동살구퓌레	1000
설탕	800
펙틴	40

Ⓡ 밤파이

밤식빵의 성공 이후에 개발된 파이 제품.
파이 반죽에 앙금과 밤을 넣어 히트한 리치몬드의 스테디셀러 과자이다.

1 강력분, 박력분, 반죽용 버터를 볼에 넣어 사블라주한다.
2 ①에 충전용 유지를 제외한 전 재료를 넣어 한 덩어리가 되게 믹싱한다.
3 빈죽을 냉장 3시간 이상 휴지시킨다.
4 반죽을 버터의 2배 크기로 민 후 되기가 비슷한 충전용 유지를 올려
  감싸고 8mm로 밀어 3절 2회 해준 뒤 냉장에서 50분 휴지시킨다.
5 냉장에서 꺼낸 반죽을 8mm로 밀어 3절 접기 5회까지
  밀기와 휴지를 반복한다.
6 3절 접기 5회 반죽을 냉장에서 3시간 이상 휴지시킨다.
7 폭 58cm, 두께 1mm로 밀어 가로, 세로 11cm로 재단하고
  수축방지를 위해 피케한다.
8 파이지에 밤 크림을 넣어 감싼 후 봉한 곳을 아래로 하여 팬닝한다.
9 팬닝 된 파이에 분당(분량 외)을 뿌리고 190/200℃ 오븐에 40분 동안
  구운 후 윗면을 토치로 캐러멜라이즈한다.

˙ 밤 크림

1 버터와 밤 페이스트를 부드럽게 푼다.
2 ①에 으깬 밤과 네그리타 럼을 넣어 비터 또는 훅으로 섞는다.
3 T.P.T.를 넣어 섞는다.
4 달걀을 나누어 넣는다.
5 크림을 동그랗게 짠 뒤 위에 밤을 올려 마무리한다.

| 80개 |

재료명	비율(%)	중량(g)
강력분	50	500
박력분	50	500
버터(반죽용)	10	100
설탕	2	20
소금	2	20
물	22.5	225
우유	22.5	225
충전용 유지	70	700

밤크림

밤	624
버터	520
밤 페이스트	434
네그리타 럼	4
T.P.T.	1040
달걀	416
통밤(당침밤)	1600

Baking tip

통아몬드, 백아몬드를 갈아 분말을 만든 후 분당과 1:1로 섞은 것을 T.P.T.라고 한다.

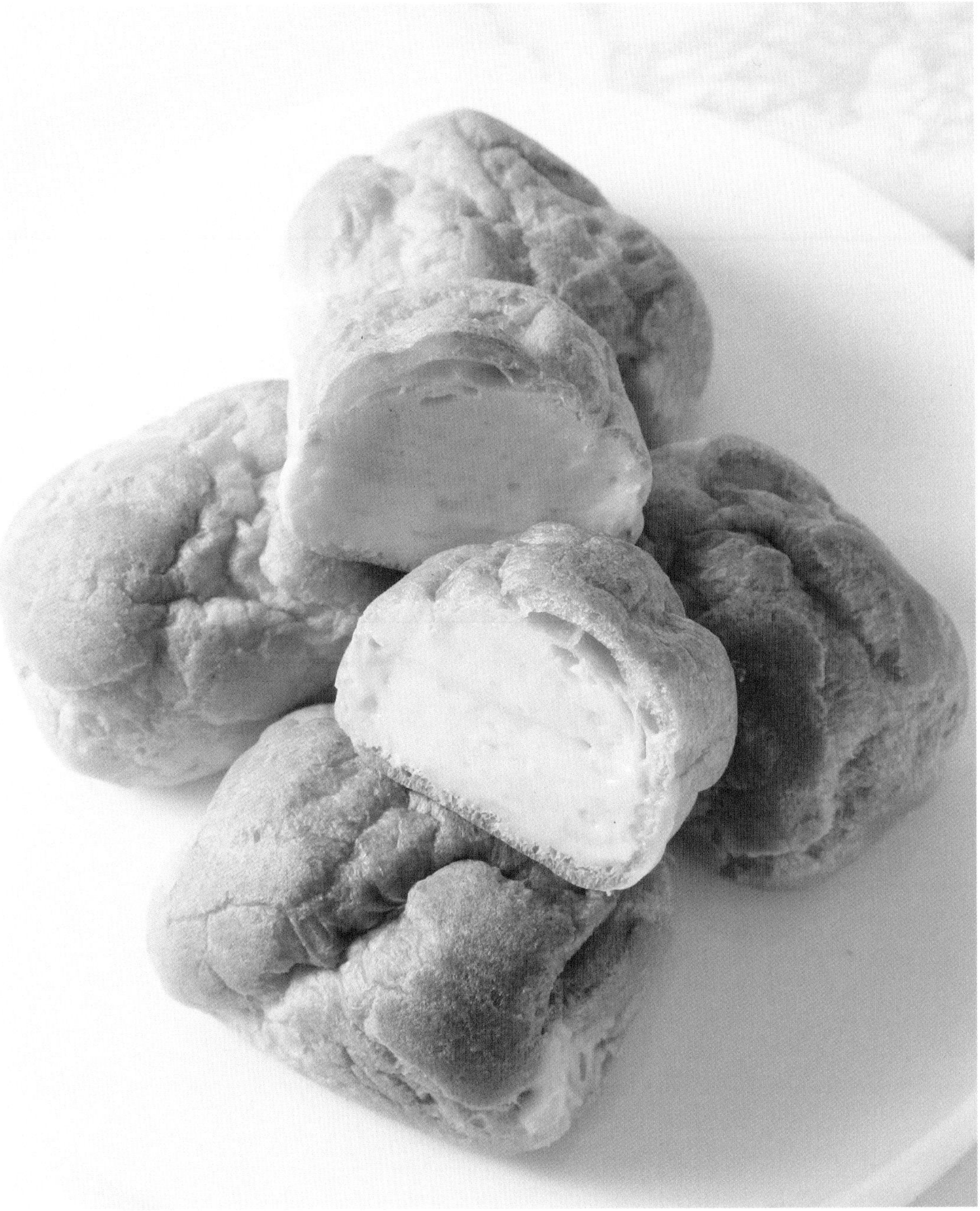

ℝ
슈크림

일본 고쿠라의 오노 사장이 처음 전수해 주어 시도했으나 잘 안 되어 나중에 오노 사장이
한국에 직접 와서 틀을 잡아 준 제품. 슈 껍질과 크림 모두 만들기 까다로운 리치몬드의 30년 인기 제품이다.

• 슈피

1 냄비에 버터, 물을 끓인다.
2 체 진 박력분, B.P를 넣고 호화시킨다.
3 전란을 3~4회 나누어 넣으면서 섞는데, 되기를 보며 양을 조절한다.
4 짤주머니에 반죽을 담아 타원형 모양으로 6×4로 배열하여 짠 뒤
  반죽 위에 스프레이로 물을 분사한다.
5 200/180℃ 오븐에서 20분 동안 굽는다.
6 구운 슈 껍질은 통에 옮겨 마르지 않게 얇은 천을 덮어 식힌다.
7 식은 슈 껍질에 크림을 채워 마무리한다.

• 슈크림

1 우유에 설탕과 바닐라빈, 바닐라빈 페이스트를 넣고
  85℃까지 가열한다.
2 전란, 황란을 넣은 볼에 설탕을 넣고 거품을 올린 뒤
  체 친 박력분, 옥수수전분을 넣고 섞는다.
3 가열한 우유 1/3을 ②에 넣고 섞는다.
4 ③을 체로 걸러 남은 2/3의 우유에 넣은 뒤
  95℃까지 가열하여 호화시킨다.
5 네그리타 럼을 넣어 섞은 후 식힌다.
6 60~70% 올린 생크림에 ⑤를 넣어 섞은 뒤 마무리한다.

48개

슈피(12~15g)

재료명	비율(%)	중량(g)
버터	88	176
물	200	400
박력분	100	200
B.P	2	4
전란	288	576

슈크림(50개)

우유	1393.4	1700
전란	83.6	102
황란	167.2	204
설탕	209	255
박력분	100	122
옥수수전분	83.6	102
바닐라빈		0.5~1개
바닐라빈 페이스트	2.78	3.4
네그리타 럼	25.08	30.6
생크림	522.9	638

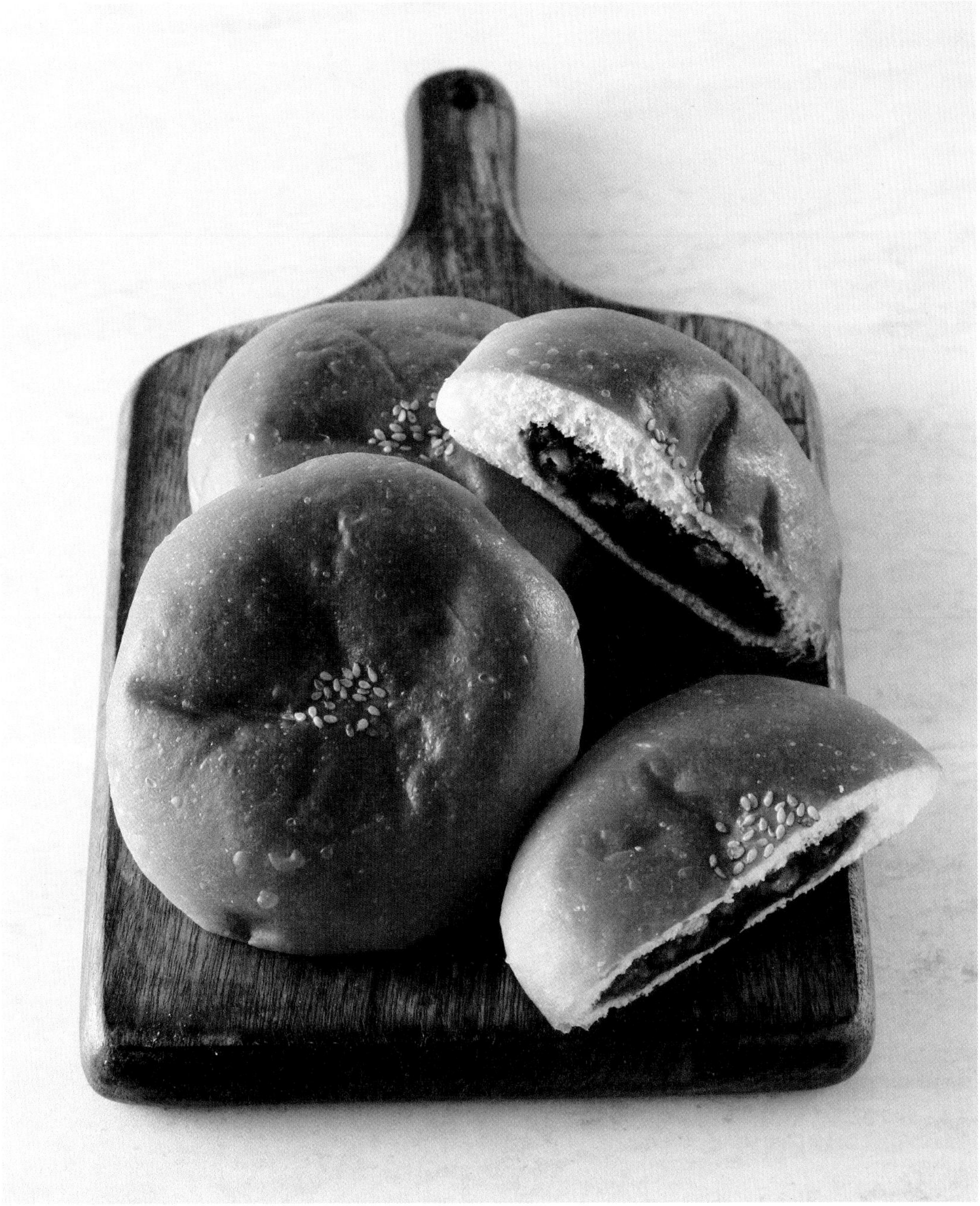

ⓡ
앙금빵 / 크림빵

제과점의 기본이라 할 수 있는 대표적 단과자빵.
리치몬드는 이 기본 제품들의 고급화와 품질유지를 위해 끊임없이 노력해왔다.

1 전 재료를 믹서에 넣고 저속 2분, 중속 14분 최종단계까지 믹싱한다.

2 실온에서 1시간 동안 1차 발효시킨다.

3 45g으로 분할하여 20분긴 중긴 발효시킨다.

4 앙금 65g을 감싼 후 윗면에 우윳물을 바르고 깨를 뿌려
발효실에서 2차 발효시킨다. 크림빵은 반죽을 밀대로 밀어
식용유(분량 외)를 바른 다음 크림을 55~60g씩 채우고 접어서
팬닝한다. 발효실에서 2차 발효시킨다.

5 230/150℃ 오븐에서 앙금빵은 약 9분, 크림빵은 약 8분 동안 굽는다.

45g 분할 | 4개		
재료명	비율(%)	중량(g)
강력분	100	1000
설탕	17	170
소금	1.5	15
물엿	3	30
드라이 이스트 골드	1	10
달걀	20	200
물	22.9	229
우유	22.9	229
버터	15	150
앙금		

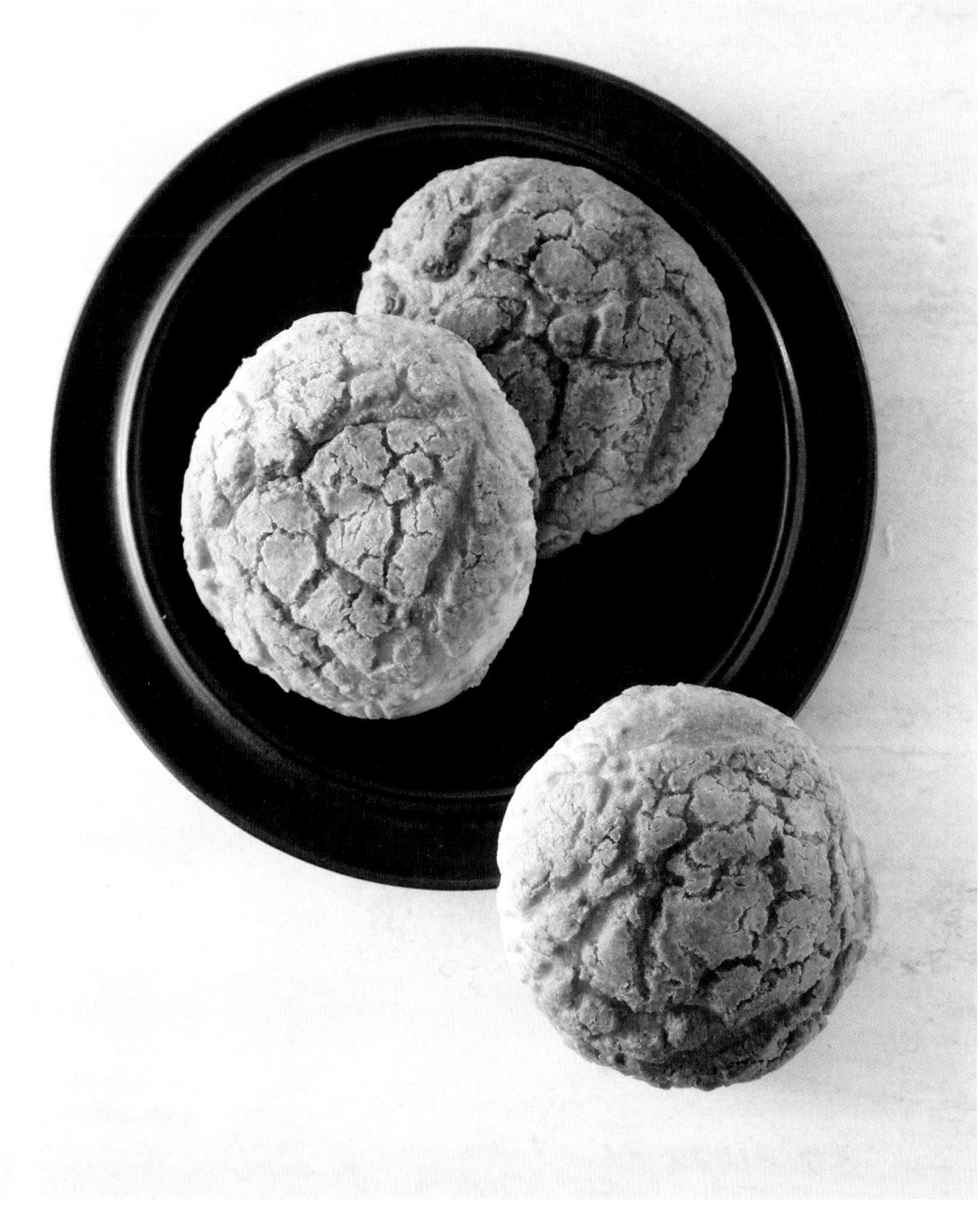

ℝ
소보로빵

1 믹싱볼에 버터를 제외한 모든 재료를 넣고
  저속으로 약 3~4분 믹싱한다.
2 중속으로 3~4분 믹싱 후 버터를 투입한다.
3 저속으로 버터를 섞고 버터가 전부 섞이면 중속으로 믹싱한다.
4 최종단계까지 믹싱한다(반죽온도 27~29℃).
5 습도 70%, 온도 32℃ 발효실에서 약 1시간 동안 1차 발효시킨다.
  (실온발효 약 1시간 30분)
6 50g씩 분할 후 10~15분 동안 중간 발효시킨다.
7 반죽 속의 가스를 빼고 둥글게 성형한 뒤, 물칠을 하고
  소보로 토핑을 40~45g 정도 묻힌다.
8 온도 32~34℃, 습도 80% 상태에서 약 40~50분 동안 2차 발효시킨다.
9 220/150℃ 오븐에서 약 15분 동안 굽는다.

소보로빵 약 24개 분량

반죽

재료명	비율(%)	중량(g)
강력분	100	1000
설탕	17	170
소금	1.5	15
물엿	3	30
생이스트	2	20
달걀	20	200
우유	23	230
버터	155	150

소보로 토핑

설탕	224
소금	4
물엿	48
아몬드플라린	36
땅콩버터	36
B.P	5
B.S	4
전란	40
중력분	432

밀크식빵(大), 밀크식빵(小) / 골덴식빵

⑧

1 전 재료를 믹서에 넣고 저속에서 3분, 고속에서 3분 동안 믹싱하고
   버터를 넣은 뒤 저속 3분, 고속 3분으로 100% 믹싱한다.
   (반죽온도 27℃)

2 온도 29℃, 습도 80%에서 40~50분 동안 1차 발효시킨다.

3 분할: 밀크식빵(大) – 300g×4
        밀크식빵(小) – 300g×2
        골덴식빵   – 230g×3

4 분할 후 15~20분 동안 중간 발효시킨다.

5 밀대를 이용해 가스를 뺀 다음 타원형으로 밀어 펴고,
   삼겹 접기 후 원통 모양으로 성형 후 팬닝한다.

6 온도 34℃, 습도 85%에서 40분 동안 2차 발효시킨다.

7 170℃ 오븐에서 45분 동안 굽는다.

각 1개		
재료명	비율(%)	중량(g)
강력분	100	1000
이스트	3	30
설탕	8	80
버터	8	80
소금	2	20
VX-1	0.25	2.5
우유	32	320
물	32	320

제과명장 권상범

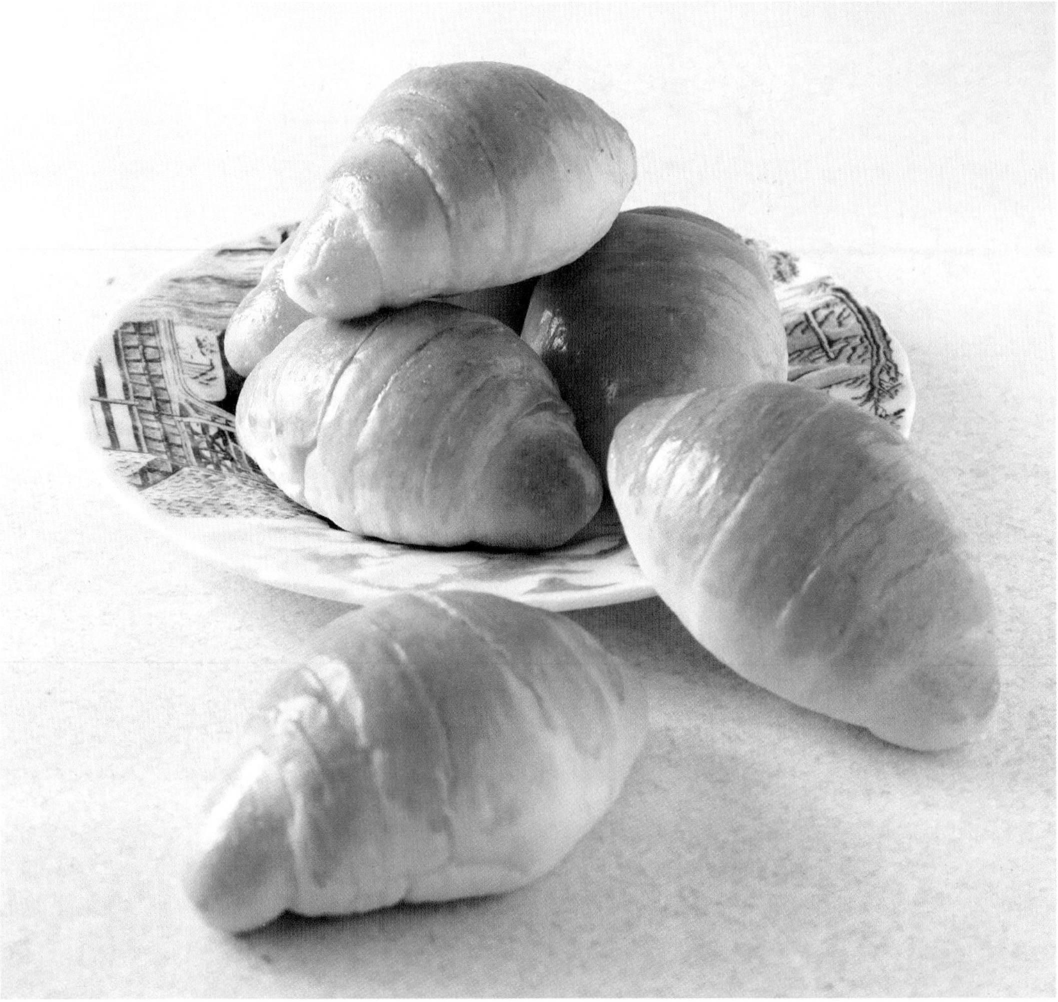

Ⓡ 버터롤

이 버터롤은 빵집이 아닌 일본의 과자점에서 배워 온 고급 제품이다. 먹을수록 입맛이 당기는 빵으로
하루 이틀 후에 먹어도 맛이 변치 않아 현재까지도 꾸준한 인기를 누리고 있다.

1 전 재료를 믹서에 넣고 저속에서 3분, 고속에서 9분 동안
  믹싱한다.(반죽온도 27℃)
2 온노 29℃, 습노 80%에서 40분 농안 1자 발효시킨다.
3 30g씩 분할 후 둥글리기한다.
4 올챙이 모양으로 만든 후 15~20분 동안 중간 발효시킨다.
5 밀대로 길게 밀어 편 후 말아서 성형한다.
6 온도 34℃, 습도 85%에서 30~40분 동안 2차 발효시킨다.
7 210/155℃ 오븐에서 10분 동안 굽는다.

재료명	비율(%)	중량(g)
강력분	100	3000
이스트	4	120
설탕	10	300
소금	2	60
물	20	600
우유	20	600
버터	25	750
VX-1	0.25	7.5

제과명장 권상범

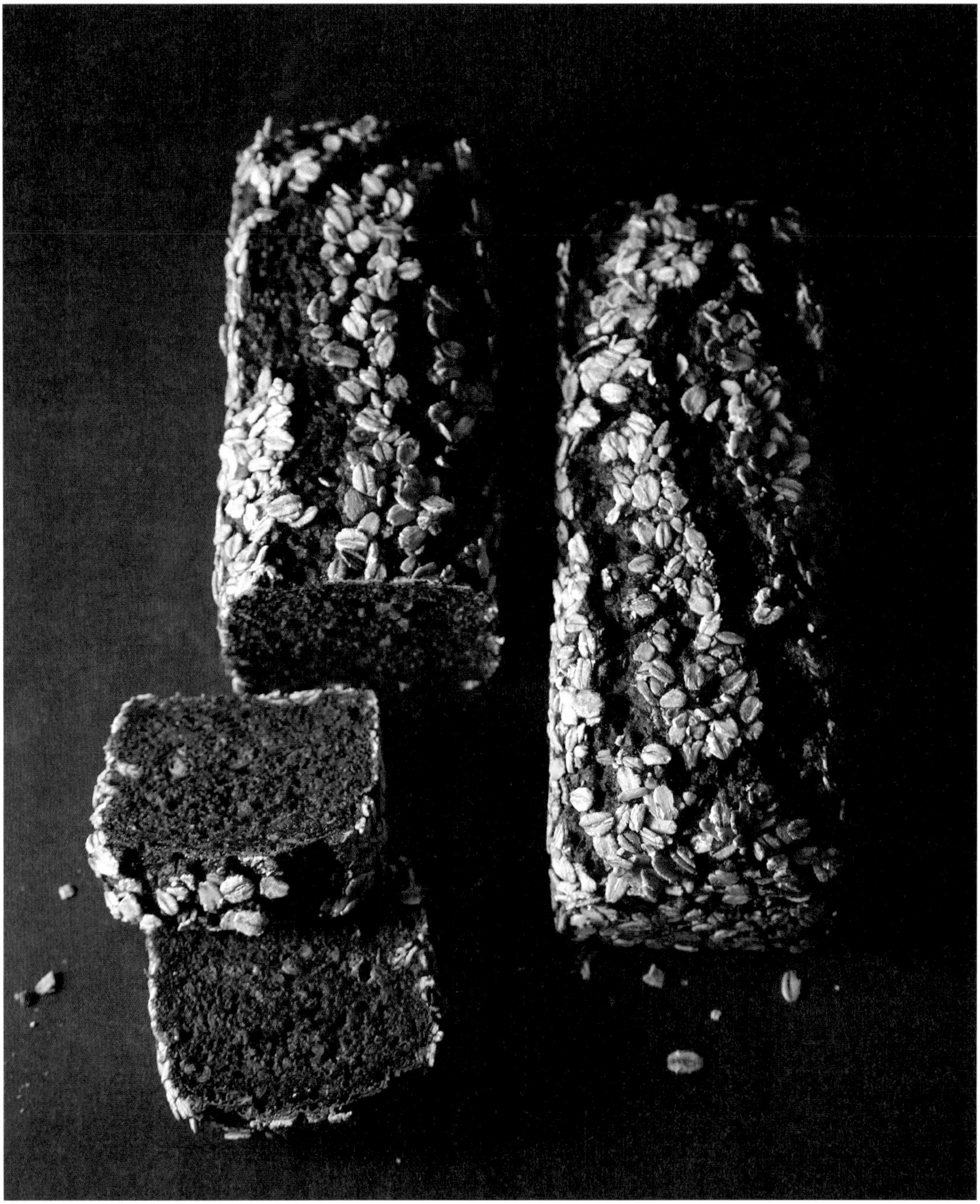

펌퍼니클

ⓡ

1984년 처음 유럽 연수를 갔을 때부터 독일빵에 큰 매력을 느꼈다.
이후 리치몬드는 독일식 제빵법을 기본으로 빵 제품을 확대해왔다.

1 전날 볼콘믹스에 물A를 넣고 재워둔다.
2 1번을 제외한 전재료를 1번에 넣어 저속으로 섞는다.
3 모든 재료가 섞이면 중속으로 약 3~4분 정도 믹싱 후 마무리한다.
4 철판에 오트밀(분량 외)을 펼쳐 놓은 후 손에 물을 묻혀
   반죽을 600g씩 분할한다.
5 분할한 반죽에 오트밀을 묻혀 21×8×6㎝ 사각 틀에 넣고
   윗면을 평평하게 누른 후 온도 32~34℃, 습도 80% 상태의 발효실에서
   약 50분 동안 2차 발효시킨다.
6 반죽이 틀 윗면까지 차오르면 230/230℃ 오븐에 스팀을 넣고
   25분간 구운 후 틀을 제거하여 약 15분간 더 굽는다.

600g 분량 | 3개		
재료명	비율(%)	중량(g)
볼콘믹스	70.77	690
물A	70.77	690
강력분	29.23	285
소금	2	19.5
생이스트	2	19.5
물B	15.39	150
다크말쯔	3.45	34.5

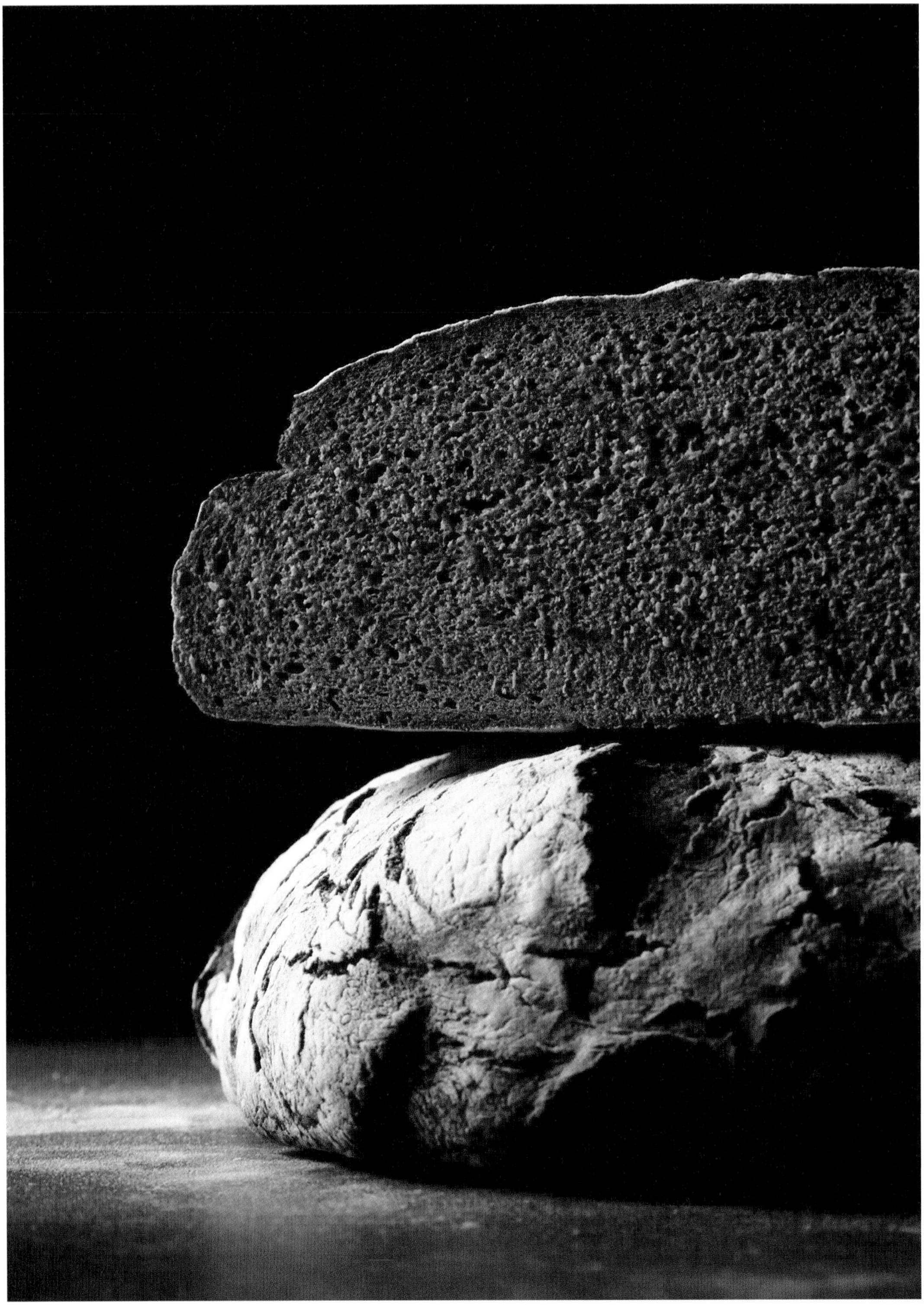

정통 호밀빵

1 모든 재료를 믹싱 볼에 넣고 1단에서 9~10분 동안 섞는다.

2 믹싱이 된 반죽을 실온에서 15분 동안 1차 발효 후 사각철판 1장에
   팬닝하여 실온에서 약 50분 2차 발효시킨다(실내온도 27~29℃).

3 2차 발효 후 호밀가루(분량 외)를 뿌리고 230℃ 오븐에서
   스팀을 넣고 60분 정도 굽는다.

철판 1장

재료명	비율(%)	중량(g)
강력분	30	570
로건픽스	70	1330
소금	1.8	34
이스트	2.8	54
물	81	1537
다크말쯔	1.5	29

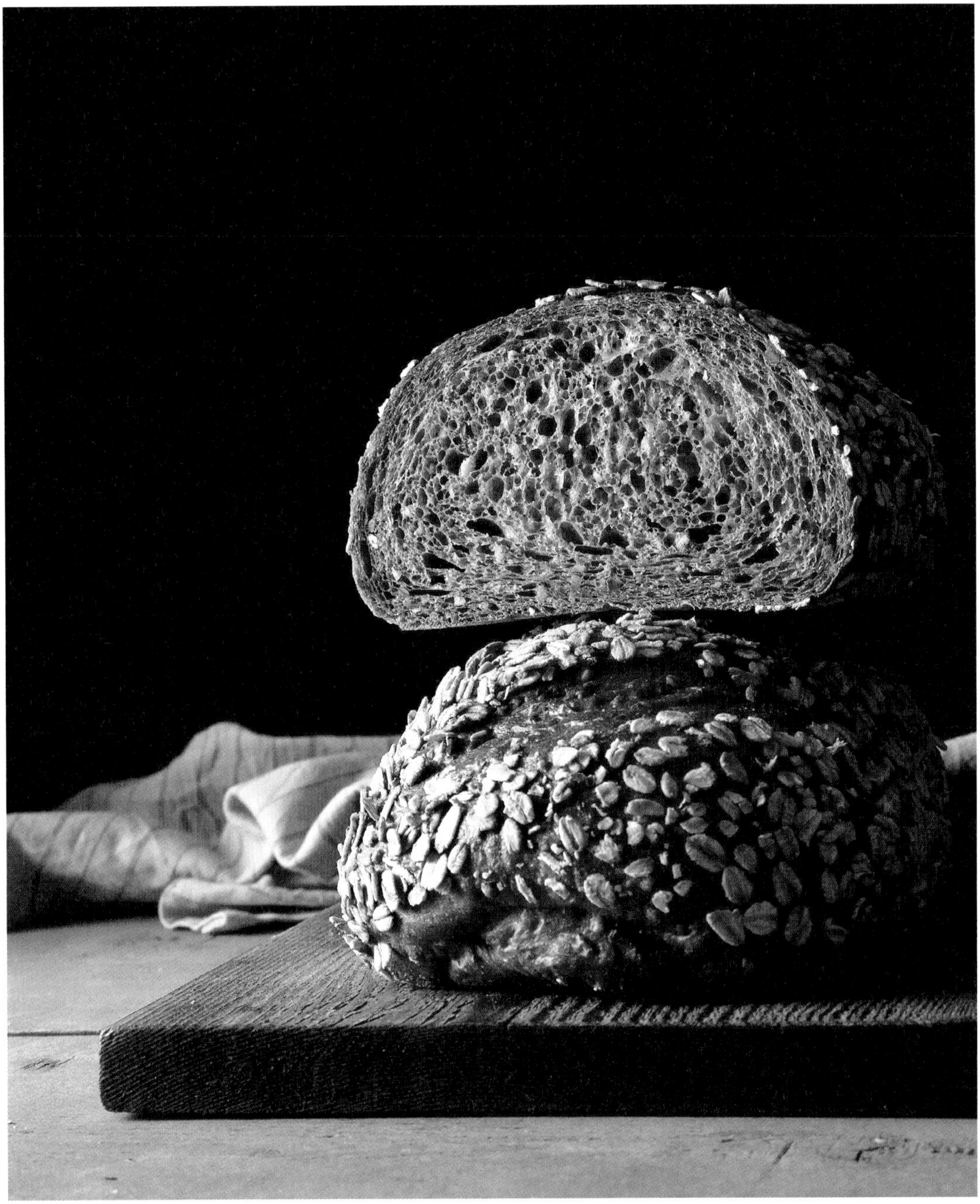

ⓡ 크라프트콘 브로트

1 모든 재료를 넣고 가루 재료가 섞일 때까지
  저속 4분, 고속 8분 동안 믹싱한다.
2 중속으로 3~4분 정도 믹싱 후 온도 32~34℃, 습도 80% 상태에서
  약 40분 동안 1차 발효시킨다.
3 600g으로 분할 후 중간 발효시킨다.
4 타원형으로 성형 후 반죽 윗면에 물을 묻히고
  오트밀(분량 외)을 묻혀 철판에 팬닝한다.
5 40~50분 정도 2차 발효 후 사선으로 칼집을 넣는다.
6 240/240℃ 오븐에 스팀을 넣고 30~40분 정도 굽는다.

3개(600g)		
재료명	비율(%)	중량(g)
강력분	50	525
크라프트콘	50	525
이스트	3.1	33
물	69.3	728

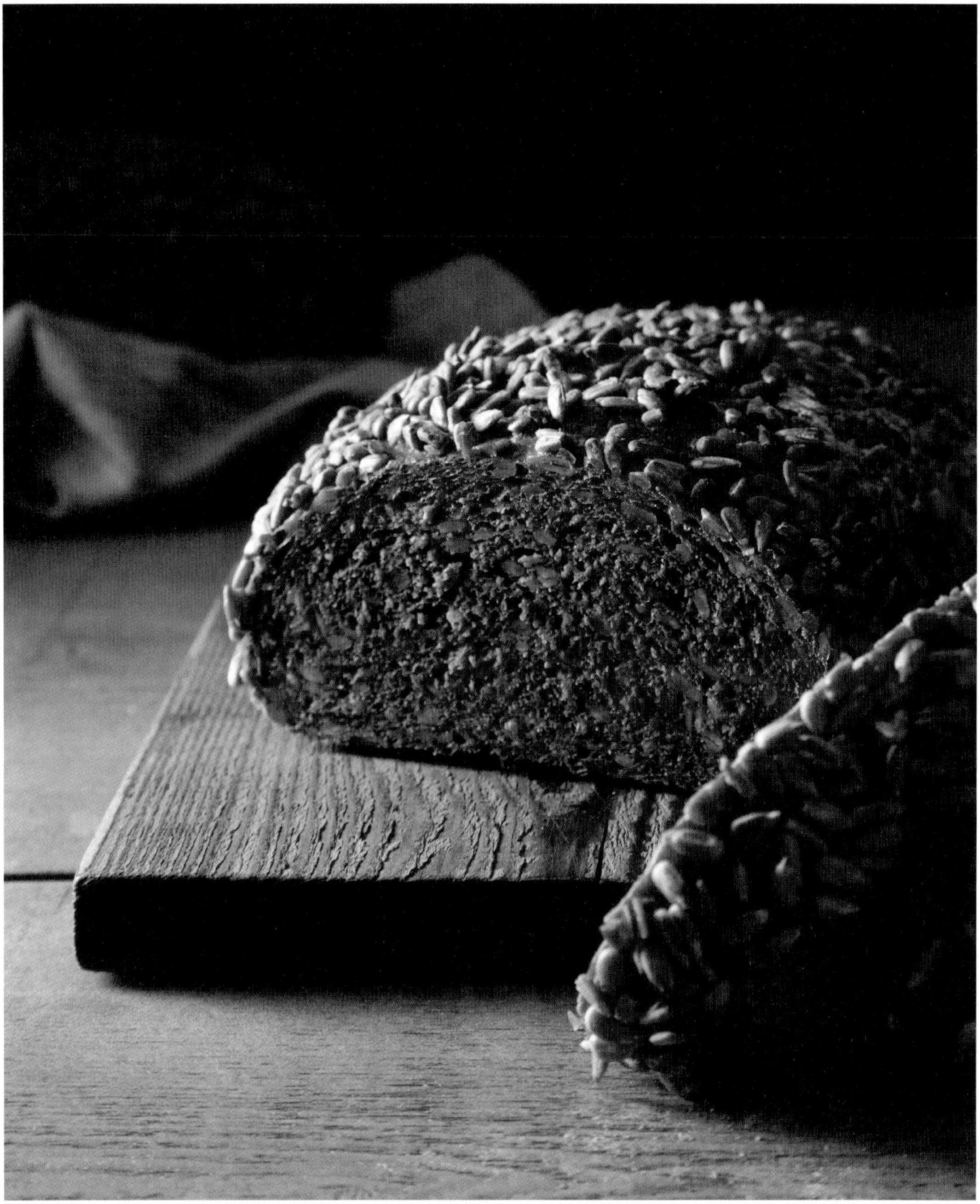

베르그슈 타이거

ⓇRⓇ

전처리

1 볼콘믹스, 해바라기씨, 물을 섞어 반나절 정도 수화시킨다.

본처리

1 전 재료와 전처리된 반죽을 믹서에 넣고 저속 1분, 중속 4분으로 믹싱하여 글루텐을 살짝 잡는다.
2 20분간 실온에서 휴지시킨다.
3 590g으로 분할하여 둥글린 뒤 10분간 실온에서 휴지시킨다.
4 편지 접기하여 말아 성형하고 물을 살짝 묻힌 뒤 해바라기씨(분량 외)에 굴려 팬닝한다.
5 온도 32℃, 습도 80% 상태의 발효실에서 약 40분간 2차 발효시킨다.
6 240/230℃ 오븐에 22분간 굽는다.

590g 분할 | 3개

볼콘반죽

재료명	비율(%)	중량(g)
볼콘믹스	37.5	278
해바라기씨	37.5	278
물	86.4	640

본 반죽

강력분	62.5	463
생이스트	3.78	28
소금	2.7	20
다크말쯔	3.5	26
물	5	37

® 치아바타

• 전반죽

1 전 재료를 볼에 넣고 저속으로 1분 중속으로 3분 돌려
   한 덩어리로 만든다.
2 온도 36℃, 습도 80% 발효실에서 1시간 30분 동안 발효시킨다.

• 본반죽

1 올리브유와 소금을 제외한 전 재료를 볼에 넣고
   발효된 전반죽도 넣는다.
2 저속으로 1분, 중속으로 7분 돌려 글루텐이 잡히면
   소금과 올리브유를 넣고 저속 1분, 고속 1분으로 믹싱한다.
3 올리브유를 바른 네모난 통에 완성된 반죽을 담아
   실온에서 1시간 30분 발효시킨다.
4 발효된 반죽의 위, 아래, 양 옆을 접어 펀치를 주고 뒤집어서
   실온 1시간 30분 발효시킨다.
5 덧가루를 뿌린 작업대에 반죽을 올려주고 250g씩 분할한다.
6 캔버스 천에 덧가루를 충분히 뿌리고 분할한 반죽을 올려
   모양을 잡는다.
7 온도 32℃, 습도 80% 발효실에 넣어 50분간 2차 발효시킨다.
8 윗면에 강력분을 적당히 뿌리고 240/230℃의 오븐에 16분 굽는다.

250g 분할 | 4개

스펀지(전반죽)

재료명	비율(%)	중량(g)
강력분		179
생이스트		2
소금		3
물		136

본반죽

강력분		304
제뉴베르테		18
호밀가루		18
전립분		18
리골레또		18
생이스트		3
물		286
올리브유		15
소금		6

ℝ
크루아상

프랑스 비엔누아즈리의 대표. 크루아상을 만들기 위해 초창기에는 수십 겹의 반죽을 손으로 밀어야 했다.
버터도 귀해 남대문에서 미제 버터를 구해 쓰는 등 고급재료의 사용을 망설이지 않았다.

1 믹서볼에 롤인 유지를 제외한 모든 재료를 넣고
  저속에서 3분, 중속에서 8분 동안 믹싱한다.

2 1750g씩 분할 후 냉상한다.

3 반죽에 롤인 유지를 감싸고 3절 접기를 1회 한다.

4 3절 접기 3회를 하고 접을 때마다 냉동 휴지한다.

5 3절 접기 3회 완료 후 반죽을 2.5mm 두께로 밀어편다.

6 밑변 9cm, 높이 18cm 크기의 이등변삼각형으로 잘라
  초승달 모양으로 만다.

7 온도 28℃, 습도 80%에서 45~50분 동안 2차 발효시킨다.

8 표면에 달걀물을 바르고 200/150℃ 오븐에서 18~20분 동안 굽는다.

재료명	비율(%)	중량(g)
강력분	100	2000
설탕	5.5	110
소금	1.5	30
개량제	0.5	10
달걀		4개
물	50	1000
이스트	3	60
롤인 유지	1kg당	500

Baking tip

- 미니크루아상 : 6cm×10cm 삼각형으로 재단 후 만다.
- 잼 크루아상 : 10.5cm×20cm 삼각형으로 재단 후 만다.
- 샌드위치 크루아상 : 11cm×18cm 삼각형으로 재단 후 만다.
- 삼각 (3.5mm) : 10cm×10cm 정사각형으로 재단 후 모서리 부분에 칼집을 두 번 넣는다.
- 소세지 (3.5mm) : 10cm×10cm 정사각형으로 재단 후 케첩 + 겨자 + 소세지를 넣고 띠로 만다.
- 소라 (3.5mm) : 3cm×27cm 스틱모양으로 재단 후 소라틀에 말아준다.
- 아몬드 (3mm) : 10cm×13cm 사각형으로 재단 후 밑 부분에 아몬드 크림을 충전 후 만다.
  → 아몬드 크림 : 크림 1500g, 구운 아몬드 600g, 시트가루 600g
- 코코넛 (3.5m) : 10cm×13cm 사각형으로 재단 후 가운데 부분에 코코넛 크림을 채우고 가운데 부분에 칼집을 넣는다.

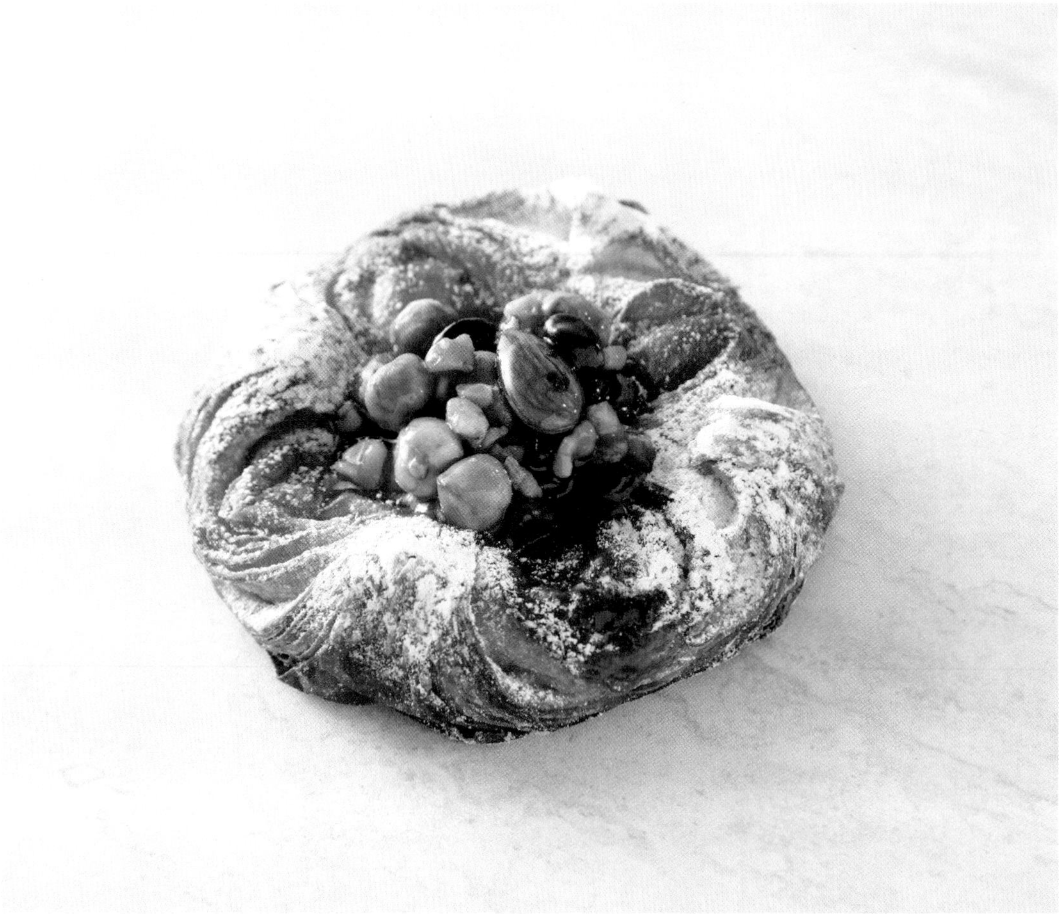

데니시 페이스트리

1 강력분에 반죽용 버터를 넣고 사블라주한다.
2 ①에 충전용 유지를 제외한 전 재료를 넣어
한 덩어리가 되게 믹싱한다.
3 반죽을 철판 반 사이즈로 밀어 냉동한다.
4 냉동된 반죽을 냉장에서 해동시켜 충전용 유지와 같은
되기로 만든다.
5 반죽에 유지를 올려 감싼 후 6㎜로 밀어
4절 1회 접기 후 냉동에서 30분 휴지시킨다.
6 냉동에서 꺼낸 반죽을 6㎜로 말아 4절 1회 한 뒤
냉동에서 30분 휴지시킨다.
7 220/150℃의 오븐에서 약 20분 동안 굽는다.

20개		
재료명	비율(%)	중량(g)
강력분	100	1000
버터(반죽용)	10	100
설탕	12	120
소금	2	20
물	7.5	75
우유	13.5	435
냉동 드라이이스트	1.5	15
충전용 유지	50	500

Baking tip

접기 • 과거 : 3절 3회 9㎜ • 현재 : 4절 2회 6㎜

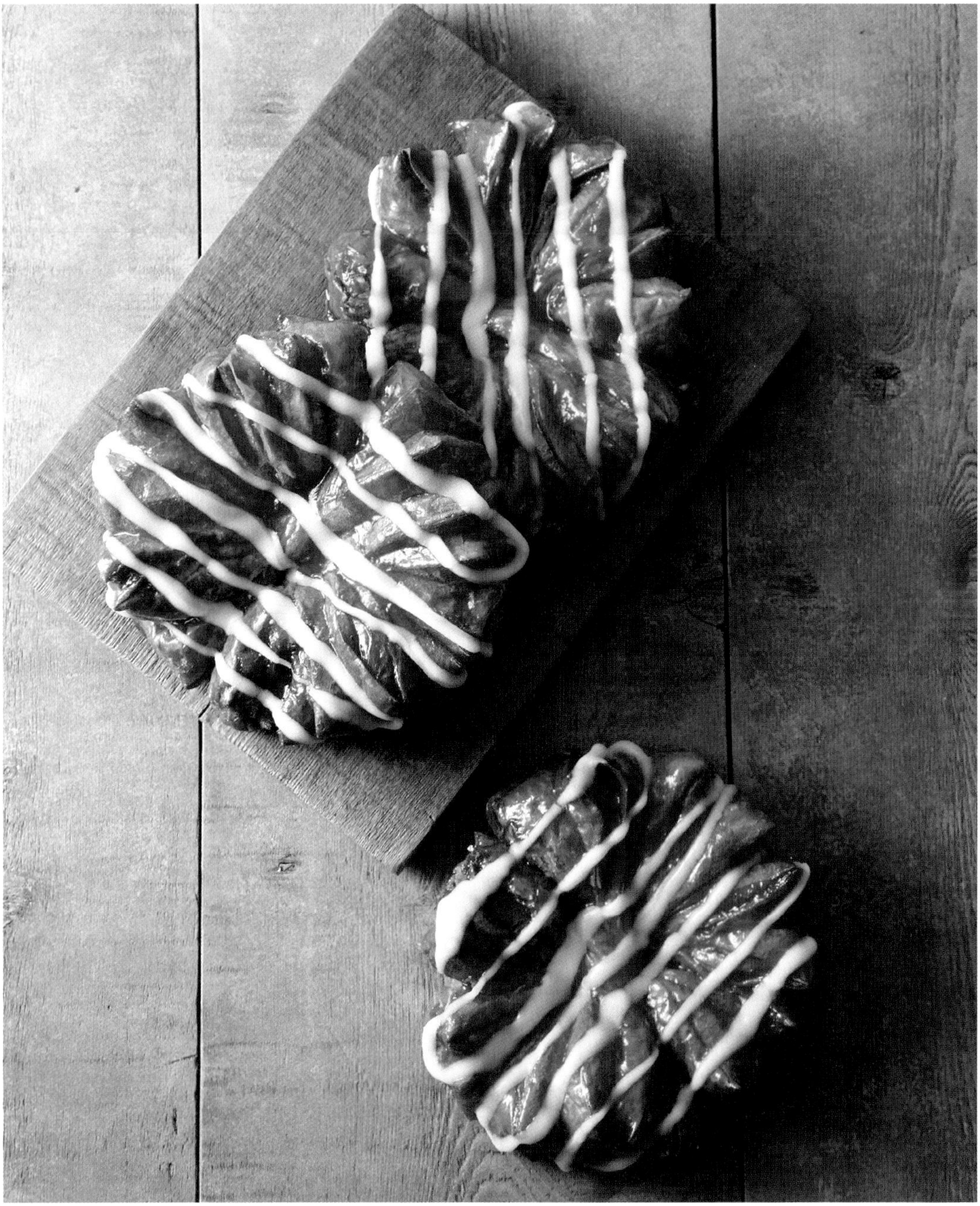

® 프렌치 파이

1 반죽을 완성한 후 충전용 버터를 싸고 3절 접기 4회, 2절 접기 1회를
  한다. 접을 때마다 냉장 휴지를 각각 45분 정도 한다.
2 마시막 냉장 휴지 후 폭 35cm, 누께 8mm로 밀어 펴고,
  1시간 동안 냉동 휴지한다.
3 가로 5cm, 세로 15cm 크기로 재단 후 가운데 부분을 두 번 꼰다.
4 210/160℃ 오븐에서 30분 동안 굽는다.

재료명	비율(%)	중량(g)
강력분	100	1000
버터	10	100
소금	2	20
달걀		1개
달걀물	44	440
충전용 버터	85	850

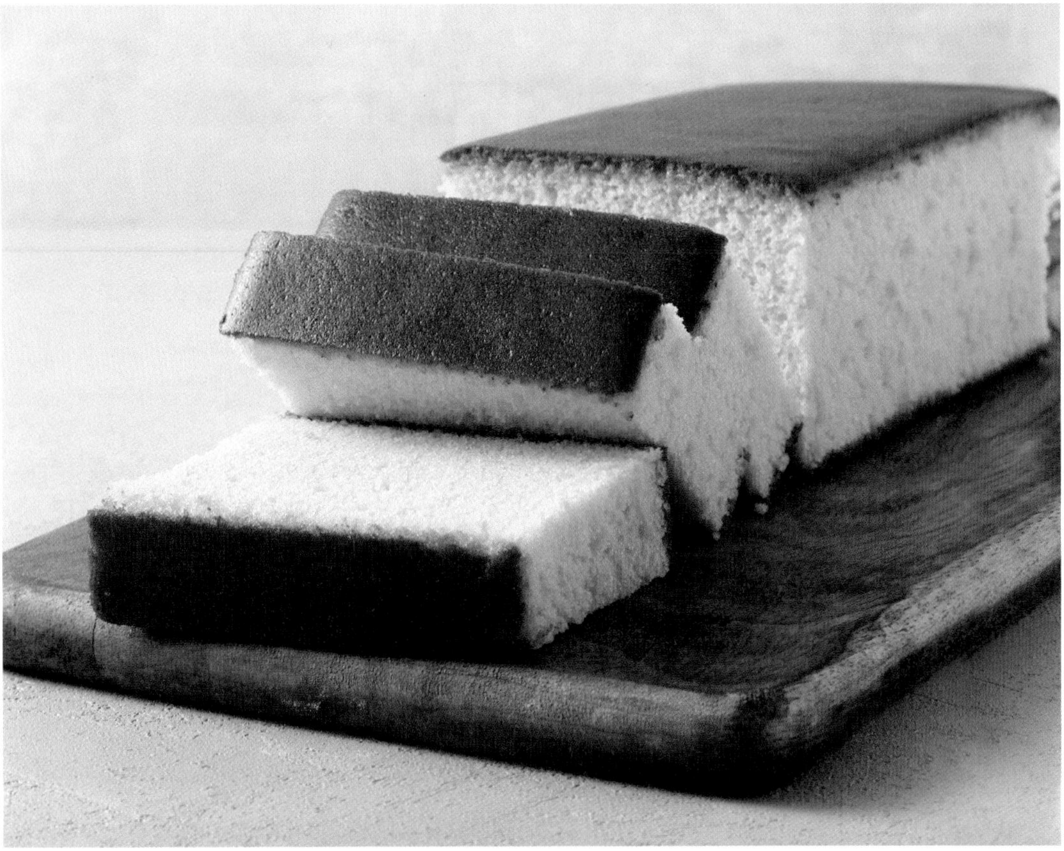

나가사키 카스텔라

오리지널 나가사키 카스텔라를 만들기 위해 후쿠오카 남방오븐회사까지 찾아가 제품을 전수받고
전용오븐을 구입해 사용하고 있다. 선물용으로 누구나 좋아하는 리치몬드의 롱런 히트상품이다.

1 전란을 푼 후 설탕을 넣고 중탕한다.
2 중탕한 반죽을 온도가 내려가지 않게 따뜻한 물 위에 올려
  거품을 올린다.
3 물, 물엿, 꿀을 끓인다.
4 ③을 ②에 넣고 섞는다.
5 체 친 박력분을 넣고 섞는다.
6 틀에 반죽을 팬닝한 후 기포를 정리하고 215/150℃ 오븐에서 2분을
  굽고 스프레이 후 반죽을 섞어 반죽 내부의 온도 편차를 줄인다.
  2분 단위로 위 공정을 2번 더 반복한다.
7 9분 동안 더 구운 후 구움색 확인 후 뚜껑을 덮고 30분 동안 더 굽는다.
8 4분 정도 지난 후 오븐에서 뺀다.
9 가로 10㎝×세로 27㎝ 크기로 재단 후 포장한다.

10×27cm | 20개

화이트

재료명	비율(%)	중량(g)
전란	237.3	6170
설탕	191.34	4975
꿀	17.69	460
물	17.69	460
물엿	26.15	680
박력분	100	2600

초콜릿

재료명	비율(%)	중량(g)
전란	223.07	5800
설탕	191.34	4975
꿀	17.69	460
물	17.69	460
물엿	26.15	680
박력분	100	2600
카카오매스	22.76	592

Baking tip

초콜릿 카스텔라도 위와 같은 공정으로 한다.

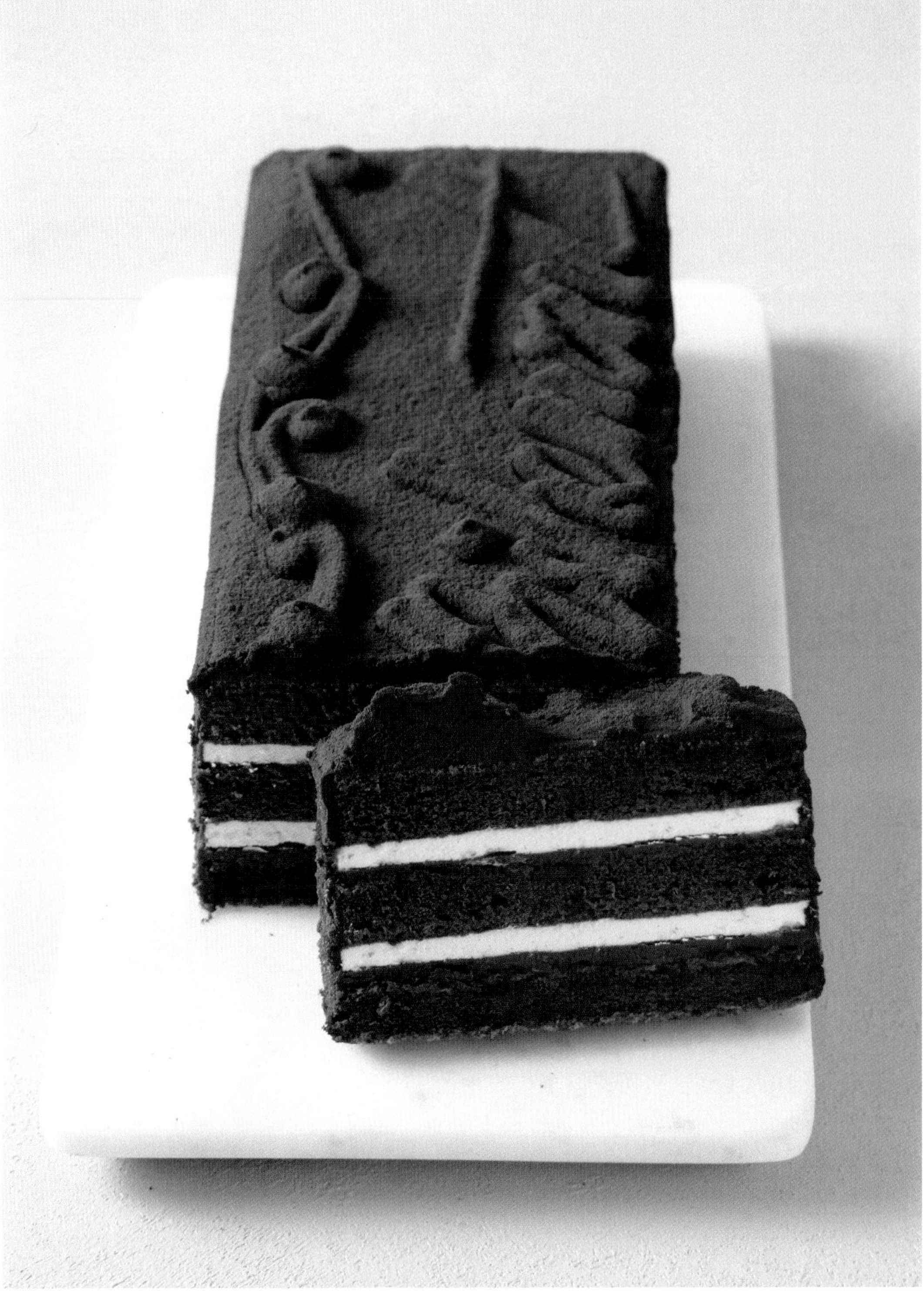

Ⓡ 리치몬드

1 전란, 노른자를 푼 후 설탕을 넣고 섞는다.

2 중탕을 한다.

3 중탕한 반죽을 100% 믹싱 후 시럽을 넣고 섞는다.

4 흰자에 설탕을 넣고 머랭 90%를 올린다.

5 머랭 1/3을 넣고 섞은 후 체 친 박력분, 콘스타치, 코코아를 넣고 섞는다.

6 나머지 2/3의 머랭을 넣고 섞는다.

7 팬에 1050g씩 팬닝한다.

8 200/160℃ 오븐에서 15분 동안 굽는다.

* **마무리**

1 시트에 시럽(시럽 150g, 그랑마니에 30g)을 바르고 가나슈 500g을 바르고 그 위에 버터크림 400g을 바른다.

2 위 작업을 한 번 더 반복한다.

3 큰 사이즈는 가로 19.5㎝×세로 23.5㎝로 작은 사이즈는 가로 9.5㎝× 세로 23.5㎝로 재단 후 마무리한다.

재료명	비율(%)	중량(g)
전란	327.04	2878
노른자	181.81	1600
설탕	150	1320
흰자	327.27	2880
설탕	150	1320
박력분	100	880
콘스타치	75.79	667
코코아	45.45	400

시럽

물		800
설탕		400

가나쉬

생크림		1000
초콜릿		1000

치즈 케이크

Ⓡ

· 치즈케이크

1 치즈케이크 틀 옆면에 포마드 버터를 칠한 후 설탕을 코팅한다.

2 틀 바닥 부분에 사이즈에 맞게 비스퀴 디아망을 재단한다.

3 끼리 크림치즈와 필라델피아 크림치즈를 부드럽게 푼다.

4 포마드 상태의 버터를 넣고 함께 손으로 치댄다.

5 우유를 넣고 휘퍼로 섞는다.

6 설탕을 넣고 섞는다.

7 생크림을 30% 올려 본반죽에 섞는다.

8 황란을 넣고 섞는다.

9 흰자에 설탕과 전분을 넣고 80% 머랭을 올린다.

10 미리 준비한 틀에 550g씩 팬닝 후 기포를 정리한다.

11 220/180℃ 오븐에 중탕으로 90분 굽는다.

12 윗불만 10℃ 낮춰서 10분 더 구운 후 식혀서 마무리한다.

· 비스퀴 디아망

1 볼에 마지판을 넣고 비터로 푼다.

2 전란과 황란을 섞은 뒤 마지판에 조금씩 넣고 푼다.

3 체 친 분당을 넣고 풀어준 후 나머지 전란을 넣고 푼다.

4 흰자에 설탕을 넣고 머랭을 80% 올린다.

5 본반죽에 올린 머랭을 1/2 넣고 섞는다.

6 체 친 박력분을 넣고 섞는다.

7 나머지 머랭을 넣고 섞은 후 녹인 버터를 넣고 마무리한다.

8 230/150℃ 오븐에 넣고 7분간 구워 완성한다.

2호 틀 | 6개

재료명	비율(%)	중량(g)
끼리 크림치즈	1200	720
필라델피아 크림치즈	1200	720
버터	716.6	430
우유	350	210
설탕	316.6	190
생크림	716.6	430
황란	400	240
흰자	600	360
설탕	183.3	110
전분	100	60

비스퀴 디아망 (720g, 철판 1장 분량)

마지판	180
분당	120
전란	60
황란	96
박력분	114
흰자	144
설탕	14
버터	45

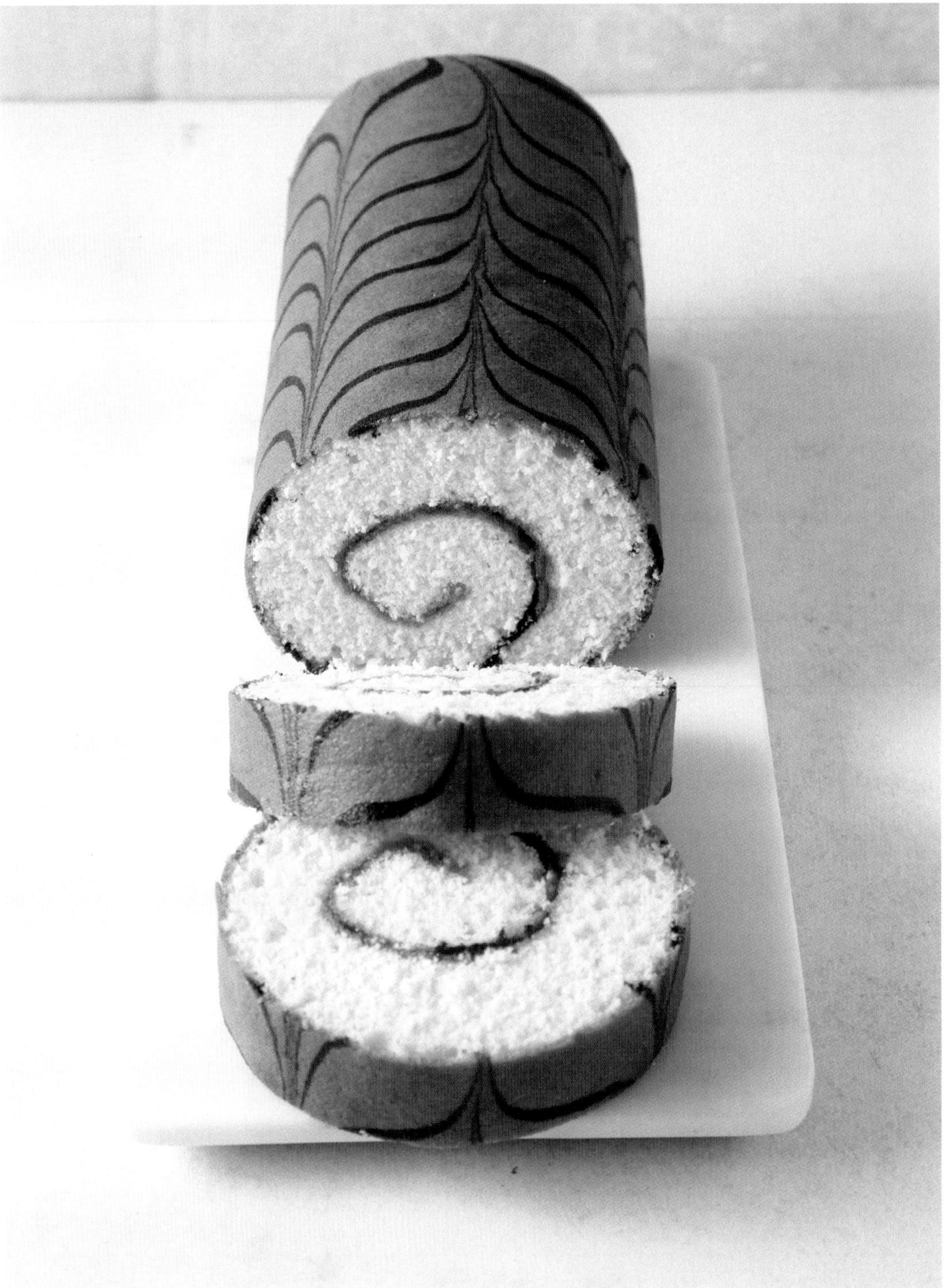

ⓡ 호피무늬 롤케이크

내가 일본에 유학하기 전과 후에 만드는 방법이 달라진 제품이다.
나폴레옹제과 복귀 후 새로 도입한 제법으로 인해 매출이 폭발적으로 증가했다.

1 달걀을 푼 후 설탕, 소금, 물엿을 넣고 섞는다.

2 믹서기에 고속 5분, 중속 10분 정도 믹싱한다.

3 체 친 가루를 넣고 섞는다.

4 따뜻한 우유를 넣고 마무리한다.

5 사각철판 1장에 1150g 정도 팬닝 후 캐러멜 색소를
  섞은 반죽으로 무늬를 낸다.

6 180/140℃ 오븐에서 20분 동안 굽는다.

7 잼 150g을 얇게 펴 바른 후 롤밀대로 만다.

8 냉동에서 반죽을 살짝 굳힌 후 24㎝로 재단한다.

| 1150g 3판 분량 | | |

재료명	비율(%)	중량(g)
박력분	100	800
B.P	0.5	4
바닐라	1	8
설탕	130	1040
소금	2	16
물엿	8	64
달걀	170	1360
우유	20	160
충전용 잼		450

버터롤 케이크

일본 유학 후에 우리나라에서 내가 제일 처음 시도한 제품으로 엄청난 인기를 끌었다.
시트도 더 부드러워졌지만 충전제로 버터크림을 사용해 그 맛 또한 뛰어났다.

1 볼에 전란, 황란을 넣어 섞은 뒤 설탕, 트리몰린을 넣어
  고속으로 10~15분 동안 뽀얗게 믹싱한다.

2 볼에 흰자와 설탕을 넣고 머랭을 올린다.

3 ①을 중속으로 마무리하여 최종 비중을 60에 맞춘다.

4 ③에 가루를 넣어 섞고 ②를 넣어 섞은 후 식용유를 섞어 마무리한다.

5 종이를 깔아 둔 높은 철판에 1200g씩 2장 팬닝하고
  210/180℃ 오븐에 20분 동안 굽는다.

6 구워진 시트에 유산지를 올려 뒤집고 30보메시럽, 물, 그랑마르니에를
  섞어 만든 시럽 110g을 뿌린다.

7 버터크림 400g을 펼친 후 호두를 30g씩 뿌리고 롤밀대로 만다.

8 냉동실에 롤을 넣어 살짝 굳히고 24㎝ 길이로 재단한다.

1200g | 철판 2장 분량		
재료명	비율(%)	중량(g)
전란	108	625
황란	37.8	215
설탕	70	400
트리몰린	14	80
흰자	70	399
설탕	41	235
박력분	100	568
B.P	0.8	5
식용유	5	30

샌드 크림	
버터크림	800
호두	60

시럽	
30보메시럽	100
물	100
그랑마르니에	20

ⓡ 다쿠아즈

다쿠아즈는 후쿠오카의 주우로쿠(16区)가 가장 유명하다. 수차례의 방문과
미시마 사장과의 교류를 통해 리치몬드의 다쿠아즈도 고급 인기상품으로 자리잡았다.

1 흰자에 설탕을 넣고 휘퍼로 100% 머랭을 올린다.
2 T.P.T.와 아몬드 분말을 같이 체 쳐서 머랭과 섞는다.
3 5×5㎝ 틀에 반죽을 짜넣고 L자 스패튤러를 이용해 밀어 편다.
4 분당을 체 쳐 윗면에 뿌려준 후 180℃ 오븐에 15분 동안 굽는다.
5 버터크림과 아몬드프랄린을 섞은 후 짝 맞춘 다쿠아즈 사이에
  샌드한다.

25개	틀 2판	

재료명	비율(%)	중량(g)
흰자	300	300
설탕	100	100
T.P.T.	300	300
아몬드 분말	100	100

샌드크림

버터크림		134
아몬드프랄린		268

Baking tip

통아몬드, 백아몬드를 갈아 분말을 만든 후 분당과 1:1로 섞은 것을 T.P.T.라고 한다.

허니 마들렌

리치몬드의 인기상품 중의 하나인 쿠키선물세트. 고베의 쓰마가리 사장은
구움과자와 쿠키세트의 상품성을 역설하면서 선물세트화를 적극 권유하였다.

1 흰자에 설탕을 넣고 휘퍼를 이용해 머랭을 10% 올린다.
2 꿀을 넣고 섞는다.
3 황란을 넣고 섞는다.
4 B.P와 박력분을 체 쳐 섞는다.
5 냄비에 태운 버터를 50℃까지 녹인 후 섞어 반죽을 마무리한다.
6 5×5㎝ 마들렌 틀에 이형제를 얇게 바른 후 균일하게 팬닝한다.
7 180℃ 오븐에 9분간 구워 완성한다.

제과명장 권상범

25개 틀	2판		
재료명	비율(%)	중량(g)
흰자	90	180
설탕	100	200
꿀	80	160
황란	60	120
B.P	1.4	2.8
박력분	100	200
태운 버터	100	200

디아망 카페

1 버터를 푼다.

2 분당과 소금을 넣고 섞는다.

3 황란을 넣고 거품을 적당히 올린다.

4 트라블릿을 넣고 섞는다.

5 체 친 박력분, 아몬드 분말을 넣고 섞는다.

6 아몬드와 헤이즐넛을 넣고 섞는다.

7 1시간 냉장 휴지시킨다.

8 800g씩 분할하여 길이 37.5㎝의 원기둥으로 만들어 냉동한다.

비스킷(피)

1 버터를 푼다.

2 분당을 넣고 섞는다.

3 황란을 2회 나누어 넣고 거품을 적당히 올린다.

4 생크림을 넣어 섞는다.

5 체 친 박력분을 넣어 섞는다.

6 냉장에 1시간 휴지시킨다.

최종

1 비스킷반죽을 두께 1㎜로 밀어 편 다음 물을 뿌리고
　원기둥 형태로 만들어 얼린 반죽을 감싼다.

2 냉동에서 얼린다.

3 ②를 백설탕에 굴린다.

4 1.8~2㎝ 두께로 재단한다.

5 팬닝한다.

6 165℃의 오븐에 25~30분 동안 굽는다.

880g 분할	3개	

재료명	비율(%)	중량(g)
버터	83.3	600
분당	37.5	270
소금	2	15
황란	16	120
트라블릿 (커피엑기스)	8.3	60
박력분	100	720
아몬드 분말	62.5	450
아몬드(홀)	27.08	195
헤이즐넛	27.08	195

비스킷(피)		
버터	46.87	180
분당	40.6	156
황란	16.6	60
생크림	6.25	24
박력분	100	384

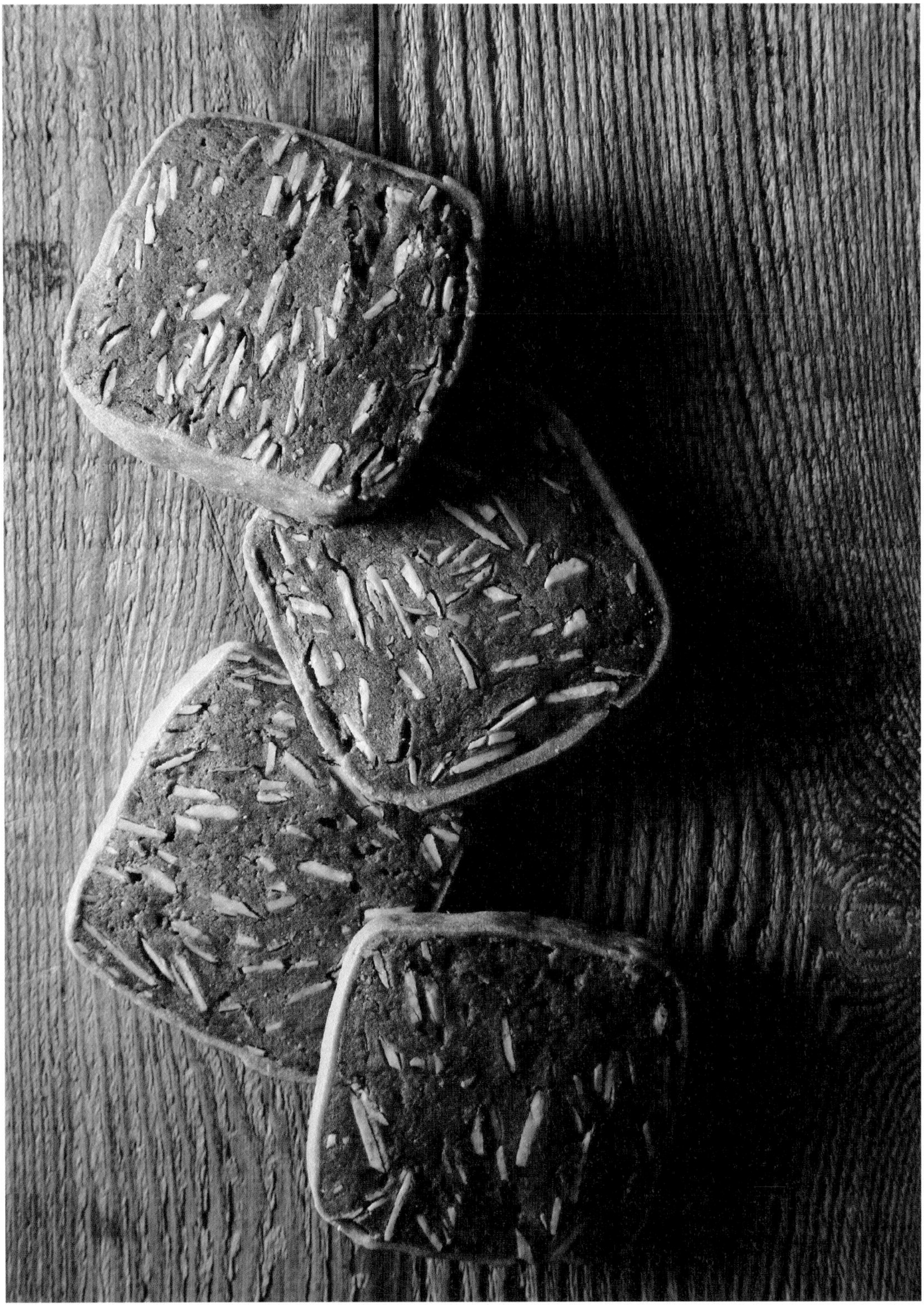

쇼콜라 프로켄트(T쿠키)

1 쇼콜라 프로켄트 반죽을 50×33cm, 두께 4cm 틀에 팬닝한다.

2 냉장 휴지 24시간 후 5cm크기로 재단한다.

3 실온 상태의 버터를 부드럽게 만든다.

4 슈거파우더를 넣고 저속으로 믹싱한다.

5 황란과 생크림을 2~3회 나누어 넣고 섞는다.

6 체 친 박력분을 넣고 완전히 섞는다.

7 두께 2mm로 밀어서 5cm 크기로 재단한 반죽 전체를 덮는다.

8 냉동 휴지 10분 후 1cm 두께로 재단 후 팬닝한다.

9 굽기 : 170℃, 20분

10 식은 후 T쿠키 상자에 개별 포장한다.

약 12g 분할 | 약 200개 분량

재료명	비율(%)	중량(g)
버터	46.87	600
슈거파우더	40.62	520
황란		10개
생크림	6.25	80
박력분	100	1280

® 버터링 쿠키

1 실온 상태의 버터와 쇼트닝을 부드럽게 푼다.
2 슈거파우더와 소금을 넣고 섞는다.
3 실온에 둔 흰자를 4~6회 나누어 넣고 고속으로 믹싱한다.
4 체 친 아몬드파우더와 박력분을 넣고 섞는다.
5 별모양 깍지(9발)를 이용해 원형으로 짠다.
6 170℃오븐에서 25분 동안 굽는다.

약 22g 분할 | 약 200개 분량		
재료명	**비율(%)**	**중량(g)**
버터	42.85	750
쇼트닝	42.85	750
슈거파우더	34.28	600
소금	2	35
난백	20.57	360
박력분	100	1750
아몬드파우더	28.57	500

제과명장 곽상엽

ⓡ
큐벨 티 쿠키

1 실온 상태의 버터를 부드럽게 푼다.

2 혼당을 넣고 섞는다.

3 달걀을 2~3회 나누어 넣으며 거품을 올린다.

4 체 친 박력분. 코코아파우더를 넣고 섞는다.

5 톱니 깍지에 담아 물결을 그리며
7㎝의 직사각형 크기로 3회에 걸쳐 짠다.

6 165℃ 오븐에서 20~25분 동안 굽는다.

7 두 개의 아랫면이 마주 보도록 겹쳐주고 양끝에
아몬드 초콜릿을 묻힌다.

약 22g 분할 ǀ 약 50개 분량		
재료명	비율(%)	중량(g)
버터	68.9	300
혼당	55.17	240
달걀		3개
박력분	100	435
코코아파우더	6.89	30

® 오트밀 쿠키

1 실온 상태의 버터를 부드럽게 푼다.

2 설탕, 소금을 넣고 섞는다.

3 우유를 넣고 섞는다.

4 달걀을 넣고 휘핑하여 거품을 올린다.

5 체 친 박력분, B.S를 넣고 섞는다.

6 오트밀과 초코칩을 넣어 섞는다.

7 30g씩 분할 후 팬닝한다.

8 5cm 정도 크기의 원형으로 누른다.

9 165℃ 오븐에서 20~25분 동안 굽는다.

30g 분할 | 32개		
재료명	비율(%)	중량(g)
버터	83.3	200
설탕	83.3	200
소금	1	2.4
우유	16.6	40
달걀		1개
박력분	100	240
B.S	1.66	4
오트밀	66.6	160
초코칩	33.3	80

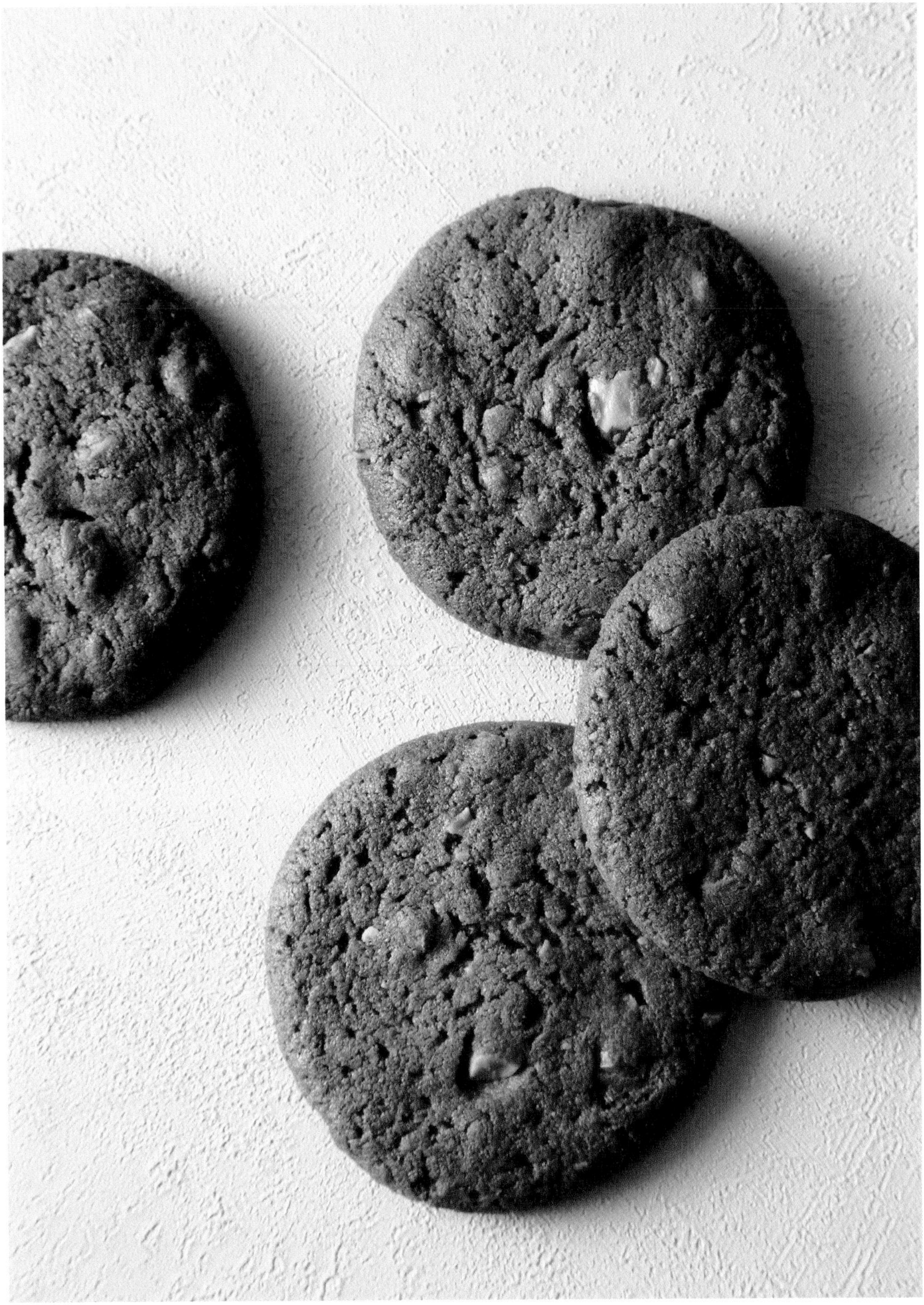

Ⓡ 아몬드 쿠키

1 실온 상태의 버터를 부드럽게 푼다.

2 설탕, 소금을 넣고 섞는다.

3 아몬드프랄린과 물엿을 넣고 섞는다.

4 전란을 1회 나누어 넣고 거품을 적당히 올린다.

5 체친 박력분, B.S를 넣고 섞는다.

6 1시간 냉장에서 휴지시킨다.

7 30g씩 분할하고 팬닝한 뒤 5㎝ 지름의 원형이 되도록 누른다.

8 165℃의 오븐에서 25~30분 동안 굽는다.

30g 분할 | 61개

재료명	비율(%)	중량(g)
버터	69.2	270
설탕	16.9	66
소금	1.5	6
아몬드프랄린	138.4	540
물엿	21.5	84
전란	32.3	126
B.S	3.84	15
박력분	100	390
아몬드(홀)	86.9	339

ⓇＲ튀일

1 흰자를 푼 후 슈거파우더를 넣고 섞고,
  상온에서 1시간 동안 휴지시킨다.
2 휴지시킨 반죽에 체 친 박력분을 넣고 섞은 후
  80℃로 녹인 버터와 소금을 넣고 섞는다.
3 아몬드 슬라이스를 넣고 마무리한다.
4 24시간 동안 냉장휴지한다.
5 가로 6㎝, 세로 10.5㎝ 크기의 타원형으로 팬닝한다.
6 170/150℃의 오븐에서 10~12분 동안 굽는다.

재료명	비율(%)	중량(g)
흰자	226.41	1200
슈거파우더	226.41	1200
박력분	100	530
소금	1.32	7
아몬드 슬라이스	283.01	1500

3부

—

시대를 정리한 노트들

1

풍년제과 노트는 1968년부터 1972년 사이에 작성된 것으로
그 때까지 배우고 익힌 거의 모든 제품을 정리했다.

2

동경제과학교 노트는 유학 당시 배운 것을 매일 속기로 받아적고
이를 다시 저녁에 옮겨 정리한 노트로
카메라가 귀했던 시절 그림으로 그려가며 복습했다.

풍년시절의 제품노트

Record.

풍년제과

(A)

(1)

※ 레몬 제파 제네스.

製法 계란(황) 15개 설 300g 빠다 250g 포도주 5잔 가루 1kg
레몬 향 적당   설탕 빠다 계란 함께 아마틀리면서 포도주
을 넣고 가루 섞는다. 빠아니의 노바시 부터 계란 밑두의히
적당한 모양을 내여서 가름기 되간다.

※ 뷔모

製法 빠나 100초 계란(황) 2개 설탕 10초 가루 100초
빠나와 계란 설탕이 완전 배함 되면 가루 를 섞는다
(속.) 슈가 75g 호두 낙화생 500g 레몬 과자 1솝
완전 끓임 루 청을 빠더 깃이에 감떠 缩는다

※ 암 카스

製法 잠앙 리밀 배함 15초.
가루 가다에 잠앙을 넣는후 칸떼나 빠쪽을 되에 자여
잡는다.

※ 책 도네스 슈거

製法 설탕 500g 홍탕 50초 판드리치 40초 봉유 30g 바니라소량
계게 가루 소량 포두 완전 배함.

※ 가이 x

製法 계란 6개 솔 2초 양분 340g 빠나 300초 수유 30g
3개론 빠나에서 10초을 넣 가루 다 되게 배함 한다
1파운드에 2개씩 가루 네로 6 에 186P 6月22日

※ 소프트 도나스

製法 가루 300초 설탕 200초 빠나 90g 스킴 50초 목장수유 1.5병
계란 18개 B.P 20초
빠나와 계란 보탕 함께 슈게 섞는후 B.P를 넣고 목장수유을
배함 한다슴 가루 반죽 제곰 할때 반죽 에떠나 가른 적람

273

제과명장 권상범

29

品名. 마트 드리블. 기록 9月17日

호도분 210g 슈가 210g 빠다 400g 박력 500g 계란 3개
식염 2g 빠나油 5cc.

製法. 빠다와 슈가를 곱게 믹싱 한 다음. 계란을 넣어가 면서
계속 믹싱 한다음 식염을 넣고. 호도분 발을 넣는 다음.
가루 배합.

호시 구지가 네로 ✕ 형태로 짜자 더 양끝을 초코렌 불라다.
물론 썬드후 한 60.

品名. 과 날 드라메. 기록 9月17日
박력 710g B.P 28g D.S.M 22g 슈-가 44개빠터 450g
물옛 28g 계란 141g 로-닷 분팥 22g 물 400g

製法계란 빠다 슈가 곱게 믹싱 한다음 물옛 불을 혼합하여서
가루 배합. 6寸 가다에. 3斤 놓이에 잡는다.
1871年 3月5日 대구 상융회여서

⑨ 品名 사부레.
빠다 225g S.9 360g (2개半당) 박력분 400g 강력분 170g 계란 125g
물옛 7g B.S. 2g B.P 4g 빠나니香.

製法. 보통 빠스 켈 믹하듯 하나 잘 하여야 된다. 2mmcm 정도민 다음 두께
직경 5cm 의 원형 가다로 찍어 가서 오븐에 굽는다.
속 白앙금 500g 밤 100g 으로 쎈드 한다는 찍달히 시라게.
(NUT CAKE 밤라자)

品名 마루도 렐도 오랜부란구
練 라이. 가루 300g 빠다 240g 소듐 3g 물 180cc.
반죽 할 때 통에 모든 자료를 함께 놓고 스케-파로 짝 이가며서 골고루 반죽
간다. 그다음 3번 정도 접어가 1빠터 넘아 어깨까지 라이마내느따다.
적당한 가다에 감뿌버스 갤 하다여서 오븐에 구워 내 놓는다음
(레몬그림) 물 120cc 슈가 280g 계란 반 5개. CS 80g 레몬汁나皮 1개.
빠다 90g

(2)

※ 버를 바는 레느

製造설탕 27유 꿀 70유 계란 경유유 빠바나 간유유 B.P 3슈
  사간로 나유유 레븐 1유 가루 300유

  계간 설탕을 도무 다테로 계상 이바 같이 빅더 한다. 빠나르로
  빅더 한다음. 가루 끼러 80유 배합후 빠나를 배합.

  그 때 배 따나 적합 하게 사용 (맨셀)(사계쏘느) (기유) 여러 둥루

※ 못르 켁

製造설탕 75유 빠바나 100유 계란 5유 B.P 7슈 부상누유 1병
  섭븐 (박력븐) 500유 흐빠바나 100유 이스트3유 소브로 2유유유
  반죽은 가시빵과 같느나 세느를 넣지않느다 반죽후 휴셔 레큐
  소브로를 쩍기서 급느다 위벤 커퍼톤합 노바나 톤능

※ 目食餅

  설탕 320유 박력븐 800유 계란 240유 빠바나 160유 꿀 140유
製法 설탕 계란 빠바나 불 믈넣지 않느 급게 빅더 한다. 다음 가루배합.
"속" 잔로로 체리 낚느 도무 께 앙느 잠 800유.

※ 당구태스K.

製造 휴게 계수나 150유 계란 흰자 200유 빠바나 80유 박력븐150유
  부상누유 적당

  급게 빅더 한 디음. 가루 배합후 부상우유로 모양에 따라 적당

※ 내씨 마로 삼각 도리 아기.

  黑白 내씨마로 켁.

製法 계린희자를 아바회로 간렝을 청을 세게 삼기녀 함께 배합. 후.
  라인 애춤. 해셔 건로도. 로두 과인 공크를 넣는 다는 각각 벤도

※ 레븐 마는 레느

  계란 75유 설탕 300유 가루. 200유 군스터지 100유불에빈1유
製法 배느나데 계란 희자에 설탕 능 불 넣고 빅더. 다음 희자는 그냥을
  너서 나능에 설탕을 넣고. 각각. 어름에 빅셔 빅더한 희자 즐을 노간자에.
  녹느루 가루 배합. 한 다음. 희자를 다시 배합 내가 쳬기

30

제료로 크림을 만들어서 구어놓은 라자에 적당히 앉는다

(부라우)계란 ⓐ 200g 유기 300g 레몬 EGS 바쁠 을 계란을 기름기로
기품을 올리고 설탕은 12g으로 꿇여서 함께 섞는다 점.
크림 까가 놓은 위에 호시구리가 더욱 보기 좋게 짠다 그렇지 않으
면 배낭게로 들려서 자녀 개개에 한2각 구 위 대 넨 뺏외는게
이 된다

1972年 1月 12日·

6品名 허니 무라네비·
A 워넛곡을 600g 쇼트닝 1350g 유기 1185g 콘스타치 킹이
가루 600g 계란(황비) 3.400g ⑦의 계란 해목향

13. 계란 ⓐ 3.400⑦의 계란 설탕 800g   (3 한 분)

① 날래로 1⼃ 유기 500g 수유 3800 ⅜ 호도잣 500g 1까나 160g
멧 200g

② 1까나 44g우유 1병 꿀 200g 설탕 500g 호도잣 500g
허니오일 ·⼩ 분·

③ 各A12로 제료을 순서 대로 배합 하며 곱게 믹싱 한다·
     13. 회자 뒤를 설탕라 함께 곱게 믹싱 하며
     A·13을 닭게 뾱 배합 하며· 한는다·
     ① 흘두 판· 제리 라 근 모두 닭께 꿇여서 약 145°으로
     끊인다쯤· 호두잣을 넣어서 젓위 에· 1빠른 시간내 에
     뾱게 섞는다
     ② 먹시 것는 방방으로 하되· 그때 순간 에 잘 적응
     하며 (가루)된다·

※ 고래당에니   CC⾖ 72年 11月 16日
이지 문리 1판측을 ▨형과 ◎형으로 하늘과동시 에 멧부
떠서 만들면 마루나 나이 테라 같은 모양을지닌다 속앤
떡는 적낭하게 갈려서 산는다

3

※ 마스레느.

설탕 1K950g 꿀 50g 박력분 2K100g 계란 2K200g

배나 2K용 B.P 20g 소금 20g 부란듸 5작. 스킹 10g 발레몬2개

깨나 향료 적당

製法: 배노다에 설탕 꿀을 노란자에 넣노. 어름 에 먹여한다.

흰자는. 그낭 먹여 한후 나종에 설탕을 넣노 되고로 먹여

배나는 꿈게 먹여 한후. 노란 자에 흰자 꿀을 썩운후. 가루 80%.

혼합. 남은 흰자를 썩는후 준비 해둔 배나 를 썩은후 적당 한 가니

에 담어서 굽는다 위에 터지면 불량품.

※ 끄령.

계란 2개 설탕 675g 북상두유 5병

製法 북상두유를 뜨거는 물에 60° 가량 뜨겁게 한다. 다음 설탕을

넣는후 박나 갓나. 다는 계란을 넣은 후 꿈게 썩는후 께끗한 행주을

짠 다음 끄링 가니에 담어 가마에 굽는다.

요 가니 빛게 카나 면을 굽는 색잘을 넣은후.

※ 사바란.

배나 600g 강력분 1kg 설탕 100g 계란 18개 샘이스트 70g

製法 설탕 계란 배나 물갓게 꿈게 먹여한다. 다음 가루는 썩스면서 뿌려

이노을 회배란 썩을 넣은후 꿈게 반죽 한다. 30분후 한숫식 다바을

데어서 회떠게 키는후 가마에 굽는다.

시렁. 설탕 5kg 물 2되 불게 꿀안다. 110° 에게 내려여 어름물

에 식한후. 꼬냑양주 향료을 맛추어서 번치구마눈는 사반낭 을 지럼에

넣으어서. 은지로 싸서. 사과을 위에 놓고. 꿀표 배나 나 키며

배나남로. 시야게.

※ 레몬 오무렛.

계란 350g 설탕 350g 가루 230g 코느라치 70g 레몬 머수나 적당

배노다에. 흰자에 280g 향자에 70g 어름붙이 먹여한후. 흰자을

31

72회 1月 16日

아메리카 파데을 약 5mm 정도 느께지 해서 적당한길이 와
넓이로. 절단 하여서 속에 까운드쪽을 4각형으로 넣어
서 싸서 위에 계란 칠을 하여 구는다

1972. 3月 2日

賢樂 香料工業 CO. 강습회

※ 洋菓子 오란다

薄力粉 ＃100% 雪糖 70% 그로코 10% 계란 80%
S.P 3% 水 17.5% B.P 2.7%

製法. 보통 파운드 쪽 하웃 밋싱 한후. 가루를 나중 배합 한다

요 가다 등 여러 용도에 쓰인다 ◎ 가시 빵위에 짜 놓으면. 좋은
상품이 된다

※ 파운드쪽. (배터쪽)

박력분 2K 240g 설탕 2K 20g 구르코스 240g 마가린 1K 120g
쇼트 4.8g B.P 11.4g 간산 감모니아 6.6g 계란 1K 600g
水 180 ℃

製法. 모두 함께 넣고 믹싱한후. 가루를 나중석어 제품함

※ 매크레아 도우넛

①마가린 200g ②유가과우다 760g ③.S.P 20g ④ 계란 600g
⑤사나.레몬 향合 士cc 포도당 80g ⑥물 300g ⑦ 소금 20g
⑧ B.P 60g ⑨박력분 2K ⑩. S. 17 60g

製法. 순서 해도. 배합 한후. 여러 모양을 만들어
기름에 튀긴다

※ 카스테나

薄力粉 250g 슈-가 250g 金卵 250 S.P 5g B.P 15g
구르코스 (포도당) 25 水 180 cc

製法. 믹싱타임 F 1: M 5: H 2: 오븐 온도 180℃ ~ 5分

4

흰자 노란 자에 썩은후. 반죽 하면서. 남은 흰자를 썩는다.

마루 가지가데로. ◎ 모양으로. 자터 불어낸데 멀수록 빨리 구위낸다

시안 재는 짝. 빼나 크림. 사라. 등으로 ……

첵 ; 고 ; 책.

계란 1K 85g 설탕 1K 가루. 1K 50g B·P 30g 건포도 200g
계란 전부에터 ⅓을 그냥 게이른다. 남은 ⅔을. 베느나데
설탕 300을 노란 자에 넣어더 이름 묽게 멀여. 힐지는 그냥 꺽여한
다음 나중에 100을 넣는다. ㅣ 먼저 께이른 계란을 노란자에
은고루 썩은후 휘 자 ⅔을 썩은후 가루 배합. 남은 휘자를 3퉁보으
로 반죽후. 빼른 시간에. 자산 맞게 짜너. 고ㅣ날을 스통지에 반뿌
려터. 캔으. 보크림. 또는 특제 빼느 크림.

※ 베른 루터나
가루. 980g 소트 7g B·P 23g 설탕 105 g 계란 6개
우뉴 0.820ℓ(4등 5쟌)

製法 가루. 설탕 소트 B·P 모두 썩여더 우뉴 계란 에 반죽 해더
사라을 적당히 절반 해더 반죽은 물여더 갉게 되라나
싸가 반죽.

※
製法 계란 노란지 400g 설탕 400g 빼나 8g 박력분 800g
설탕을 더운물에(계란) 녹여더 빼나를 녹여더 썩는다
가루 배합후 구리반죽 싸듯 싸더 오나—아끼 판에 적당히 담
는다. 6모 8모 4모 3모등 여러 종류ㅣ 있다.

※ 래드 책.
(A) 계란 400g 설탕 200g 박력분 120g 빼느다데.
설탕은 노란자에 넣어더 멀여 한다 휘자를 그냥 부여 한 다음
노란자에 썩는다 가루 배합.

(B) 물 1.00 ㄷ 1승 계란 12개 박력분 160g 빼나 140g
製法 눈나 빼나 끓의 후. 가루을 멀여더 익휘후. 계란 반죽 후 가루
구지가 데로 철랑에 례튀 갈이 노 마지. 가버여더 자스지 급는다

후레드겍 가드나 태크린
우유 1/20 cc 설탕 300g 계란 노란자위 4개 코크지지 80g
바닐라 후라오 향료

〰〰〰〰〰〰〰〰〰〰

(32)

※ 태브로드 후드겍.
박력분 1000g 설탕 600g 마가린 225g 소금 10g U.S.17 150g
B.P 20g 중조 5g cocoa 50g 水 250g 全卵 400g
製法 막 드래는 만드는 순서와 같이 제조환후. 꼬가나나 그때 먹어야
서 적당한. 그릇에 담아야 수 뒤에 1번 좋은 상품이 된다

※ 보통 제리.
한천 48g 슈가 1K 400 물엿 1K 600g 水 1000 cc
수명산 1 g 온도. 103℃ 음소香料 少量

※ 세가르 (낭구태스트)
마키 300g 계란(y) 125 우유 150g 슈가 350g
박력분 300g 製法. 남구태스트 하는 동안

유파 (우유 라사)
유파 베이그 540g 연유 135g 중조 10g 배나 20g 水 100~150g
박력분 800g 生地 20g : 앙금 봉소
재염원종 해내후겍 반죽 하듯 반죽 하여야 앙금 싸서 하는다.
앙금 1배 칭
白앙금 10kg 水 63% 슈가 6.5kg 물엿 300g
쇼트닝 600g~1kg 계란(y) 1.5 kg.

(C) 〈샌드크림〉

우유 720cc 4슴 설탕 300g 노란계란(노란자) 6개

콘스타지 80g

합게 섞어 끌인다.

(D) 먼저 구워놓는(A)의. 스포지 와 빠나로 샌드. 다음 아데위
로 크림을 바른다음(B)을 불여서 절반 한다음 적당한구
지 가 빠로 빠나로 짠다음 파이 네롤

※) 가로 나로.

설탕 1kg 계란 800g 가주 800g 쇼아 125g 마가린
80g 폰딩 450g

製法 계란 베스다레. 노란자에 설탕을 모두 섞은후 묵상누위 1슴
을 넣어며 아와 친다.

흰자는 그냥 아와 올려다. 노란자와 섞은후 가루 쇼아에
배 800후 먼저 준비 해둔 빠다를 넉어며 휘구지가
네로 2자더 밑불 약하게 굽는다.

흰 앙금 800g 밤 800g 쇼코라트 1kg 사바 물 2.5슴
백암 1.2슴

사와 앙금 밤을. 끌인다. 다음 쇼코라트를 넣는후 번선
1배 800되면 백암을 섞는다. (밤은 1개되록 갈아며 넣는다)

샌드 한 다음 쇼코레 토로. 둘레를. 바른다

대나무 반족에 쇼코렐를 넣어며 글씨 1번선다

(쇼코렐)

33.

1992. 3. 29. ~ 1992. 5. 8日 기록.

구라무 펙

A 슈가 187g 계란 60 4 0개요

B. 슈가락分 3.75g 박력분 가루에 메린 560 상유트닝 560 5g
하나는 메데 125g B.S 55g B.P 125g

製法 A은 되자위 무려 믹싱한다음 살롱은 초승달이여 배닝제을 만든다
B. 눈 모두 담는제 널에서 믹싱한다음 A을 마지롱 하듯 반죽 하면여
헐관에 丸구지기 네로(又無) 6종제너구워서 서센드하면여 그때
대라서 여러모양의 양라다 선물을 책을 만들수 되다.

나이테 펙

슈가 187g 계란 375g 박력분 125g 水 370C. 53개g 둘멘50
메서니. 좀나물.

製法 계란을 배스다여 계란노란자위에 슈가 호 되자위여 흐을넣어여
믹싱한다. 발롱으롯지 하을 반죽 해변던다.

엷게 되게디챈다 여여렇으로 말번. 나무의 나이테 같이 되며여
나이테 펙이 나봈던다

小倉 카노데사

슈가데 1280g 계란 60 125g 물멘 S.P 0.3% 13p 8g
박력분 125g 눌. 19g 팔양슈 225g

製法 슈가. 계란 을 믹싱 하루(S.P) 멋을넣여여 유기올린다
훈 박력분을 오그릇 익여여 양슈을 넣여여 가니엷게 반죽한다
훈 카노데사 왔수여 녁여여 180C의 오분에 약 45분구으면
고소 가노데데라 된다.

구라무 펙

A 메니 슈구레: 슈가 375g 메메대 375g 全卵 나개 박력분 640이
C. S. 90g 레몬즐 1개

製法 보통메느젝 반죽 하록 하니 가음이 세니 주의 한멋 2천까분

ⓧ 몽불랑 껙.
가루 800g 설탕 800g 계란 1.1kg 물 1.5슬 사나다유
1슬 레몬 1개
베으다. 레. 노란자게 설탕 전부을 넣어서 붂어. 흰자는2반
어름게 붂어 오반자 ~~~~~ 배합후. 가루 배합후 흰자 배합히
후 사나다유을 넣는다 적당한 그릇에 담어서 굽는다
밤을. 펜치로. 갈어서 토탕와. 배합후. 오나내기로
보기 좋게. 져터 위에 밤을 동곳을 놓는다

ⓧ 링도너스.
강력분 1k 설탕 120g 빼다 240g 계란 ~~~ 24개
날 이스트 40g 목장우유 5병 소곰자소.
설탕 계란 두유을 더운물게녹으다음 가루 배합히 한나는
이스트을 넣는다음 빼다을 넣는다 약 1시간 후에
도너스 가따로. 적어매 기름에 튀긴다.
그림.

ⓧ 부레오슈.
가루 1kg 이스트 40g 소곰 30g 슈가 70g 계란 14개
빼다 1kg ~아또~

製法 이스트 가루는 슬 가루 1kg메가 20g으로 한다.
계란 설탕 빼다 함게 가루배합 이스트을넣어더 붂게반
죽후. 냉장고에 그저 간 정오. 벌린다든 시바란 가다에.
화오으로 따매 머리 늠 디듀 위미 서알 받하게 반죽을
늫아서. 계란 불을 발러어 요의즉에 커 워어 가마에 굽는다

과.

앙스 製法.

白餡 1ℓ 슈가 150夕 F.B 2p 제란黃 15ℓ 라·낙주 200cc

호두 잣

製法 구리만주 方法과 (同一)함   p 20夕 앙스 30夕

品名 부댕구.

빠다 160夕 슈가 150 박력분 160 우유 400夕 제란 6ℓ

黃 6ℓ 바니라 小量.

製法 슈크림 하듯 반죽하여. 제란 성을 넣었다 하며 바가로 1짝식

하듯한 다음 오븐에 서 포랑솜으이 굽는다.

品名 체리 에그래아.

제란 400夕+4ℓ 사라다油 210夕 우유 500夕 13.p 1夕 박력 500夕

製法. 슈크림 하듯 하여 호사주기네로. 길게 짜서 구는 다음.

체리 빼다 오림을 속에 넣는다

品名 치즈스택

꿀 1ℓ 빠다 200夕 소금 7夕 중력 470夕 제란 1ℓ 앙스 30夕

치즈 100夕 소스 小量.

製法 슈크림 하듯 라면 all right

구리만주. 黑만주. 하나오. 호박션. 떡. 슈크림. 우스초킥. 부류네. 하마후라네

쉬나토. 마스래슨. 아뉴잼 (방먹구) 등 오무렛. 체지 스크지켁. 카라오곤치켁.

마론그란. 빠론. 초코로루. 구라무렉. 오렌지체리. 체트켁.

① 카레노 코프 (선물용)

아게리 가 파이 반죽 으로 정사각 으로 절단 하여서 가로 세로
를 접는다음. 사라 싸는 것을 적당 히 깔고 견고로 것을 놓는후
살 사라 를 보기 좋게 놓아서 가바에 굽는다음. 잠을 끓여
칠한다. 바닥에 스폰지 타르

② 레몬 카스다데 (선물용)

아게리 가 파이 반죽 으로·다멘형 가다에 노매지·지음 레몬 오무렬
반죽을 쳐서 굽는다 다음 카스다데 크림는 속에 김이넣어서
우멩을 덮는다음. 불좋는 배나로 발라서 # 모양과같이 丸가나
로 쳐서 ½가 과수나를 뿌린다.

③ 애플 파이 <선물용>

다멘형 가바에 노매지 싸는 사라 제게 가루 견고로등 라인 ½
로·깔는 다음. 밋 반죽과 걎은 반죽으로 덮어서 계란을 칠른
다음 파이 를 (멀리 끈내 래든.) 넓이 ½ cm 가량 절단하
여서 둘레를 맞게 붙여서 가마에 굽는다

④ 반젤 (선물용) (2 ㄷㄴ)

애푸 마스래든 반죽 등 벼러러 같있다

애푸 반젤·초코 바렬 등벼러가지 있다

⑤ 사라 싸는 고슙

혼초 ㅈ. 7 ㅼ 1 ㄴ8 g 설탕 8 ㅗ0 g 레몬 "거果" 1 ㄷㄷ
부난 위 ㅗ cc 시나몬 2 g 문 ㅗ0 cc 온도 118 °C

⑥ 제노 와그.

A 계란 800 g 설탕 ㄴ00 g 박력분 ㄴ00 g 배다 ㄴ00 g 바닐라 적정
B 계란 800 g 설탕 ㄴ00 g 박력분 ㄴ00 g 배다 ㄴ ㄴ0 g 바니니小 量

계란 설탕을 온두대로 부러 가루 80% 석으로 배나를 급게
녀서 한다음·녀는다. (견고로 체러내같주) 용도에 따라 (여러모로
사용 된다.

※ 옹실 전병
가루 1되 설탕 1냥5돈 계란 40개 물 1숟 기름 1숟
소금 200후 1되 2되

베는 나대 설탕가루 함께 포함 계란 조근식 물 기름으
로 석으로 회자물 이아처리 석는데 우두래지면
설탕 2돈 4를 더느

※ 빠나
가루 135후 빠나 210후 설탕 180후 계란 12개 우유460cc
날 이스트 60후
설탕 녹는 계란 빠다에 녈여 양 40° 별을 넝느다
설탕 녹는 가루에 넣어더 반죽 한다.
반죽후 양 환산후 뇌개지 래버 길 가로 적어더 기루에되리다
반절 간하 버더 카 다대 크로으로 세느 (두닌찌라찐고롭)

※ 카스테라
설탕 775후 계란 1K200후 가루 1K B.P 10후 건포도 100후
머실주 물 양주 또는 뺄밀

※ 정규 카스테라
설탕 1K400후 계란 1K냥5냥 가루 850후 물 5숟 술1숟
빠다대 설탕을 오난자대 넝고 물을 부느나숟 별을 넝여더
유게 먹산 한나는 회라는 7° 올렬더 석는후 가루 배합

※ 까스도
가루 박력분 800후 강력분 200후 설탕 1K 계란 1K 빠다1K
빠병 까산 1K 도릅 다대 유게 화로 먹산 한나는 바죽

※ 카스테라
계란 1K200후 설탕 1K 200후 가루 700후 물 4숟 술 5작
도릅 다대 유게 박산란나숟 가루 배합 아바죽 더여 4 병
배 남어더 가마에 굽느다.

※ 화과.
계란 1되 100g 설탕 1되 가루 700g 물 6合 바나라 향
도무다래 0 철판에 담어서 굽는다.

※ 불느론지.
계란 1되 설탕 1되 가루 700g 코-어-100g 빛 150g
물 8合 도라나데.

※ 부크림.
목장누유 5合 (1kg) 빠나 1kg 계란 2란자 3개.
확장화의 멸 80° 놀다음 빠나를 넣어 먹디 80°
놀려어 계란 3개를 넣어 아니 바레를 풀고루 저어
서. 나지 80° 내려어 박4에 3분씩 놀려어 생강노비
나시는 두었다가 바루에 놓다치면 밝은 부크림
이된다. 설탕은 향도에 따라서 적당히 한다.
만 부다 부보이 얏느면 줄지 넘으니 저바르제게 해주다
게빠나 논 목장빠나 도게빠다.

※ 마스레트.
가루. 2.4kg 관탁치 1.5kg 계란 또5.1kg 유라레어
술 0.5l 설탕 1.6kg BP 15g 스캉 150g 빠나 2kg
향료 별로 바나지
제 법은 미리 점과 갓다.

※ 빠나 도론지.
가루. 2kg 설탕 1.5kg 계란 1.4kg (6) 술 0.5l 빠나 1.5kg
BP 50g 사바 건포도. 호두을 사일. 800g 향료 바나로
월라제 나 g
제 법은 마르에느 나 갓다 상료눈 대배 여라이
며러가지로 1요인다.

(1)

※ 치 커 모 스 지
계 란 800g 설탕 705g 콘스타치 45g 가루. 600g
커 피 물 4 dl
제 법 은 마드레느와 같 다. 제 품 은 ... 종 류 에 ... 2매 에
... 빼 다. 날 호 점 등 으 로. 맞 있 는 제 키 로 ... 있 다.

※ 날 돈 스 조 지
계 란 1K 200g 설탕 825g 앙 105g 가루 675g B·P 4g
우 유. 물 150 ... 버 터 135g 버 터 란 향 적 당
제 법 은 마드레느와 동 일 함.
... 으 니 ... 정 성 하 게 행 들

※ 노 이 스 조 지
계 란 175g 설탕 800g 가루 ... P ... 오 는 ...
우 유 g dl 우 리 나 꼬 무 스 105g
... 시 마드레느와 동 일 함.

※ 뿅 불 량
가루 400g 설탕 540g 계 란 680g 물 1合 사 라 다 유 6g
... 향 료. 적 당
... 마 드 레 마 란 같 다 가 루 는 나 중 에 넣 으 며
... 게 는 ... 으 로 ... 파 기 로 짜 면 ... 위 에 ... 을 넣 는 ...

※ 계 로 스 드 레 리 따 치.
계 란 오 린 지 20 개 계 란 12 개 설탕 1K g 우 리 나 꼬 무 스 800g
가루 340g 콘스타치 300g 제 모 껍 질 2개 버 터 400g
... 더 운 물 에 녹 으 로 ... 리 ... 하 다.
... 놓 여 나 ... 해 돌 가루 ... 차 로 두 를 80° ... 버 다
... 버 림 해 야 ... 급 는 다.

※ 병아리 반죽.

가루 700g 설탕 400g 계란 노란자 15개 계란 3개
버터 80g 물엿 30g 버터 80g B.P 8g 희양유 240g
반죽을 만들어. 24시간후 제품 한다. 쿠키반죽 과 비슷

-※ 쉬 ─ 니트 케.

버터 600g 설탕 400g 가루 640g 낙화생 300 호두 200g
계란 5개 버터와 향
호두 낙화생은 가루 같이 만든 다음. 버터를 아낙 돌려가면서
계란 설탕 변하게 반죽후. 철판우 장에 노가서
기계에 구워 나오면 체크루 샌드 한다

고훈구. 분당 120g 버터 360g 계란 3개 바니라 약간소금
호킹 40 볼트까지 40 넣어서 반죽식은 下向 한다.
꾸미나 도 下向 의 때 보기 좋게 쿠지개로 짠다.
샌드 기깨에 굽는다

※ 이라 꼳크.

가가루 1300 g 버터 500 호킹 100

※ 속 ─ 챌트 나프 케.

설탕 120g 계란 8개 물 600cc 호킹 60g 가루 260g
버터 100g
버터 와 설탕을 물로 녹인후. 호킹나가루를 배합 계량은
넣는다. 로나 안개 반죽 비슷하게 돌린다
고루 빠 한 후래 간에 약간 부로 한는다.

(호점)
누리 1440cc (8급) 계란 노란자위 8개 설탕 600g
호노타지 160g 버터 부라된
쿠워 나오 자 떨리. 호남 을 샌하여 희양 하는 가데네
식을 충막 담어주먹니다. 위미잦는 굽고 제품

※ 카스 다메 크림
계란 그란차위 15개 설탕 100g 빠다 10g 목장우유 2병
나발 5g 쁘로타치 5g

※ 아이스크림.
목장우유 30병 계란 30개 설탕 800~g
믹스 케라다 (버재) 1통 (500g)

※ 믹스 라우다.
혼빠다 120g 슈가 나맛 도라이밀크 2x (MC 40g
(500g 포장)
500g에 : 목장우유 15병 계란 20개 설탕 200g

※ 카스 켁.

製法 가루 500g 빠다 그50g 소금 40g 계란 5개
아메리카 가이 반죽 하는 반죽이더 성장고에.
넣는다. 다음 바이다에 벌어터 링 가다로 그럭여서
알맞은 가나에 하게 속으로 불민다.
다음 소스를 부어더 까바에 굽는다
(소스) 뻐뎌 3g 계란 노른자 6개 설탕 200g
고호가루. 치스 햄.
치스와 햄은 콩알 만 하게 절난 하여 담는다음.
소스를 부어더 굽는 라자가 "카스 켁 " 이다.

※ 후라 카나잔 켁.
가루 500g 빠다 300g 슈가 20g 소금 12g 계란(황)2개
물 그50 cc

製法 반죽을 빠아다내 후를 내미더 빼랑 한후 냉장고에
보관 다음 차 가다로 깎어서 사서 벌린다 익삼히 벌어
들 대 차가나에 주음절어더 다음로 담을 깎어 까바에굽는다
(크림) 가루 나50g 설탕 800g 계란 8개 우유 3000 cc 날려른 1개

※ 부레오 빵세 -8' 바닐라 넣게.

(A) 계란 800g 흰설탕 800g 우유 500g 박력분 800g 암모니아 3g
식염 3g

製法 속 반죽 하듯이 만들어서 흑 구지기 네로·둥글게 짜서 위에
지나가 보탕을 뿌려서 구으라 유 (B) 의 크림을 짜서
↑ 마크림을 짠후에 쉬기 쉬우라를 벌게 뿌린
것이 ×, 바닐라 넣게 가 된다.

(B) 바닐라 보타 크림.

우유 1000cc 설탕 200g 바닐라 750g 계란노른자 6개
바닐라 나cc 콘타치 80g.

보통 크림 만들듯 하나 너무 오래 끌이면 배더니 분뇌
딩나라 끌거던 금방 둘이 내 여야 한다——

※ 소프트 제리 B_{800}
물 1ℓ 보탕 A_{300}g 이타 제사짐 A_{834cc} 쥬스 250g
얆후 색소 적당.

製法 물을 쓰러보올에 ○ 50°쯤 다왔을때 제사찜을 대거여
녹인후 보탕을 넣어.
맛도 까임·사마라·오렌지·소로베리·레몬 거피들.
여러 과일 등 제료·쥬-스을 만든나음.
CHerMinG COMe 에 담어니 냉동·진멸에 넣어리브
시원한 제리가 된다.

※ 와도 냐요.
설탕 40g 바더라 15g 계란 3개·버ㄴ 2ㅎ 소킹 15h
가루 100h

製法 설탕 깨란을 썪어니·버더를 녹 먼더 붂는다음·가루스킹
비ㄴ을 배럼 긁어여 만든나.

Ⅷ. 계란도·

　맥분 100g 설탕 300g 슈가 100g 배합 8% 베이킹 100g
　B.P 15g 바타로 50g 잣 500g 복숭아 우유 1병

製法 베로다레

Ⅸ. 샌드 휘에기.

　설탕 130g 계란 130g 가루 140g

製法 도우다레. 아버 친다음. 계란 배합. 철판에 종이 깔고
　적당히 짜서. 슈가 가루를 뿌린다음. 개에미 같는다
　슈가 크림을 발았게 만들어서 세개로 적당히 붙여서
　꼬고 호박을 짜서. 오븐지로 넣는다.

Ⅹ. 낭구 테샤

　슈가 100g 배타 60g 계란 노란자 8개 복숭아우유 ½
　가루 50g 프라타 치 10g 물 적당.

Ⅺ. 배타 칙.

　슈가 100g 계란 100g 배타 100g 가루 100g
　반죽은 잘 만들기어 긴 깊으로 가나에 잰다는 론대
　해로 가바 가운불 1시 위에 올려서 굽는다
　시안게는 배타크림을 보기 좋게 짜았다음. 이다 꼬고
　는 넣는다

Ⅻ. 소라 제야·

　슈가 220g 계란 280g 가루 170g 물 135g
　베로다레. 반죽은 요령껏 잘 하여야 된다.

ⅩⅢ. (　　　)

　슈가 900g 배타 500g 계란 14개 가루 1kg
　조이나 150g 방유 0.27L ~ 0.37L 소다 1.9g B.P 10g
　바니라 적당. (실험 제료)

※ (　　　　)

계란 · 800g 쉬가 600g 박력분 400g 소다 4g
빠다 더 (실험 재료)

※ (　　　　)

쉬가 280g 물 300g 빠다 700g 계란 노란자 6~7개
흰자 6~7개 소다 10g 바닐라 小量. 아몬드 분말 10g
박력분 720g 베킹 파우다 10g
(실험 재료)

※ 위 —

가루 100g 빠다 40g 물 80g 암모니아 2g
가루 50g 빠다 50g 물 75g 암모니아 2.5g
가루 80g 빠다 60g 물 100g 암모니아 1.5g
설탕 50g 양분 50g 빠다 80g 물 130g 암모니아 3g
재료는 18개

※ 노라 야기 :

설탕 120g 가루 100g 계란 9개 (빠다 더)

※ 후루 — 루루 · 빵

박력분 1kg 이스트 45g 설탕 150g 소금 11g 빠다 220g
계란 220g 물 125cc 발효 10분 반죽후 40분
계란 설탕물 열 30° 녹인후 가루와 배합후 빠다를 넣고 다음 이스트
를 넣는다. 이스트 가루 혹은 별도나 설탕 60g 엔다는 ◯ 13양
으로 빼기여 운힐 하여서 가스메 넣을 물을 넣어 굽는다

※ √ 스레노 :

설탕 1K300g 가루 1Kg 빠다 · 1K500g (1K600) 13·14 20개
난레브 · KB 바린香料 少量.
빠다을 먼저 아서 휘다음 : 계설탕을 넣고 : 계람을 넣어가 : 부려 아서 여
빠반죽 (고무다래) (또는 빠다다래)

※ 버터 포코.

　버터포코 200g 슈가 파우다 400g 키가오 배터 110g

※ 초코렙.

　버터 포코 100g 슈가 파우다 315g 키가오 배터 200g

　황유 140g 바니라 포코 약

※ 쿠키 키쿠드.

　東주 쿠키 1k 슈가 300g 가루 400g 배터 200g 사버물 또는
　실링물 적당 B·P 10g 소다 20g

※ 아다 초코.

　카카오 270g 버터 초코 100g 포도당 500g

※ 잣 만주.

　슈가 70g 계란 6개 산분 150g 소다 바다 분유 각각
　24時1個분 배 配合 소암 후기라 해서 앙규 싼 후에
　잣 3개를 ∴ 형으로 놓아서 약 한불에 굽는다.

※ 죠이스 만주.

　슈가 80g 계란 4개 소맥분 80g 죠이스 20g 약식 적당
　소다 2.5g

　반죽 물이 뜨거울때 반죽 해준다.

※ 비가루

　슈가 80g 계란 회라양 45～43g 리연도 100g

※ 바부 구형

　슈가 3k 750g 계란 3k 750g 배터 3k 750g 쇼드라치
　水 750g 소맥분 1k 125g B·P 3.75g 바니라 향

※ 25부 가오.

　배터 80 내오～100g 계란 디개 부 가루 100g

※ 링수 가오데나.

　슈가 600g 계란 600g 소맥분 375g 청종 2合 (380cc)

✕ 구라 비스켓
A. 물엿 300g 가루 100g 설탕 20g 소다 소금 B.P 5g
   물 4스푼.
製法 반죽후 냉장고에 그시간 벌려서 누버서.

B. 설탕 400g 물엿 100g 계란 5개 구라무 100g 소다 2숟.
   물 2스푼 가루 500g B.P 5g 시나몬 少量
製法 B반죽을 속에 넣고 싸서 절반 하며서 보기좋게 비들어서
   가마 배 굽는다.

✕ 로라이스
A. 빠다 300g 설탕 150g 목장우유 1合 박력분 400g
   계란 노란자 2개.

B. 빠다 300g 설탕 150g 박력분 340g 코코아 60g
   목장우유 1合 계란 노란자 2개.
製法 절반 배 그릇으로 대지 벌마디는 절단하며서 더
   빠르겐 반죽으로 싸서 위에 지라자를 불여서 굽는다.

✕ 윈나스
純 400g 설탕 600g 계란 회사 20개.
製法 계란 흰자 설탕모두 찬 게 노른빠에 끓여 더 첨입잡아
   면 바깥에 빠르겐 반죽을 적당 하게 노아서 2시에 식기
   전에 나서서 하며서 가마에 굽느면 맞들는 나싸라더

✕ 빼비 버나스 비스겔
   물엿 360g 설탕 400g 계란 흰자 3合.
   製法은 위나와 똑같다.

✕ 배비 데닝게
   계란 흰자 100g 뉴가 가루느 200g 한녹지 30g
   純 적당
製法 대에 대따리 모양은 제슈대로 할수있고 외고로 박식했것

296

※ 고구마 만주 :

설탕 420g 계란 회사 8개 고구마 800g

製法 : 계란 회사는 아몬드가루·설탕을 넣어서 고구마와 배합한.

오·회사는 80℃ 정도 올린다

철 깐때 종이를 깔고 위에 보기좋게 ㅇㅇㅇ 짜 놓고

가 밑에 굽는다.

※ 리어생부기

버터 300g 설탕 300g 설탕 315g 박력가루 6g

계란 3개 또는 복상유유 1컵 가루 1k200g.

製法 버터·설탕은 ㅇ게 처리여 복상유유나 계란을 넣고

조금 멍을 가 하ㅇ게 좋다. 시룸반 즉 흰반들이서

모양은 2매 색기대로 한다 길게 비비서

※ 계피 반죽

설탕 ㅇㅇ 소 계란 3k 부·가루 100㏄ B.P 2g—

製法 : 반죽을 만들어서 적당 하게 노내서 한나음·환양음을

알맞게 빗어서 싸서 길게 비비 며서 계피가루를 물ㅇ

다. 알맞게 잘나서 위에 계란을 발러서 검은 깨를

뿌려서 가ㅇ에 굽는다.

※ 비후나

설탕 320g 울덩 1 12Kg 소음 20g 복상유유 190㏄

초우 500g 가루 320g 배써서 빙물.

※ 바스펜

설탕 184g 버나 120g 계란 88g 우유 20㏄ B.P 4g

가루 400g 배써서 빙물.

※ 비미 케리

간성 10g 울기 1k200 소 ㅇ연 100g 베ㅇ 2개

계설에 대 ㅇㅇ 장호 배유 1 철판 (옥)

※ 베미 파이
　製法. 보통파이와 같이 밀어서 요 그릇에 접담 하여서 오른데 한다.

※ 베미 쿠키 파이
　製法. 파이와 같이 만드슈 설탕을 뿌려서 절반 접고 마음 설탕
　　　 뿌려서 3등분 접고 다음 설탕 뿌려서 절반 접어서 깔단
　　　 하여서 굽는다.

※ 쿠키 파이
　보통파이와 같이 밀어서 설탕을 뿌려서 절반 접고
　다시 3번 접고 다시 2번 접어서 전에 와 같이 만든다

※ 낭구 페이스트
버터 60g 슈가 100g 가루 50g 콘스타치 10g 계란 노란자위 8개분
특상 우유은 반죽 만들어 가끔씩 배합

※ 거미
버터 100g 박력버터 20g 양분 100g 계란2개 물 55g

※ 앗 부로
슈가 100g 계란 40개 산분300g 양분100g 분 1승 슬 1승
버 50g 소다 2g

※ 호두 아드
슈가 800g 계란 60개 엿 150g 가루 少 북경 우유 8승 슬360g
소다 겨울10g 여름5g 소금 10g B.P 겨울 5g 바닐 10g 페퍼

※ 앙 카스   6개분
카스테라 슈가 150g 계란 150g 북커드 30cc

※ 앗 부록
슈가 700g 박력분 700g 계란 13개 S.P 열 약
계란 16개中 6~7개 를 회자 약 70% 믹싱한다.

※ 스발후
버터 400g 박력분 600g 슈가 200g 식염 3g.
製法 섞어 대로 달아되 아메리카 거이 하는식 으로 반죽 하
여 성장 그대 눈들 때 까지 열린믹
두께 3mm 첩들 누께서 火 가다듬 짹어 이터 가께 (보통불)
약 4분정도 쿠어서 슈가 파우더를 위에 친다운 또 약
2분 구어 완견 식은 다음 맛있는 책으로 선드러서

※ 하이블책
박력분 300g 슈가 225g 계란 225g 버터 225g 연유 150g
막소라위 80g 소다 12g B.P 3g 바나나 향 小量
계란 1개 추가   月食品 製法 으로 반죽 한다.

18

※ 181 約度 꽈이

버터 1파운드 가루 1파운드 물 소 계란2개 소금 2g
반죽 버터 10g

製法 버터를 믹서 준비 해놓고 물15g에 버터10g
를 녹이고 계란 넣어서 슬겨 먹는다는 반죽 하여
젖는다 50원꽈이 길이 10cm 사그 꽈이
길이가 24cm 넓이 9cm 사그 꽈이 넓이 4cm
길이가 55cm.

※ 버터 스콜링
계란 4K 800g 슈가 3K300g 가루 2Kg 콘스틱리 500g
밀 420g 물 720cc (버터 540g) (2판기준)

※ 스폰지 (특별)
슈가 6K 460g 계란 1디8 ( ) 가루 3K260g
콘스틱리 800g 물 소 (건포도 장) (3판)

※ 버터 크림
슈가 6K750g 쇼팅 3개논으 계란 60개 물 소 (버크로장)

※ 수프 리눈두
카 태리 1X 계란 1X 버터 1X 가루 700 수콘스틱300
곳이 150g B,P 1소 소다 5g │물로 낙라생 넣므로

※ 壽福餅
가루 3K750g 설탕 1K500g 땅실유 180cc B,P 70g
물엿 500g 푹강우유 720cc 물 적당 버니라 향료

※ 카레오 품무
강력분 1Kg 박력분 500g 설탕 40g 소금 20g
계란 2개 물 140cc 버터 500g

製法 사가 (홍주) 1Kg 슈가 300g으로 섞음이 둔다는
田 우 철판에 반죽 노바지두 사나를 뿔에 잡고 반죽떠
어서 계란 노란 자뒤 바르두 가바내 숙어서 6게 끌끌다

※ 키버스 그림.
  설탕 3斤g. 가루 3.斤g 콘스타치 3.斤g 계란 ±13.
  목장우유 3甁 (1.080cc) 리타스빠다 150g.

※ 키 노모 카스테라.
  1970年 4.25. (단가 150원) ± 강기준·
  설탕 560g 계란 ±60ℓ 가루 3斤2g 콘스타치 168
  법 35g·물 1合 배니라香 (B.P ±4)

1970年 4月15日
  品名 (아메리카 쿡·)
① 쵸고 쿡.
  계란 600g 설탕 410g 박력분 200g·콘스타치 65g
  코..이 50g. 횐계란푸들 150g 라이싱 ±1合.
  물 90cc 배니라 香 少量· 레크레이숀 가다 6·7各 1箱
② 쀵고 쿡.
  계란 600g. 설탕 410g. 가루 200g 콘스타시 65g.
  횐계란푸들 50 체리 50 물 90cc 上同 쿡색 3호
③ 배니라 쿡.
  계란 1K200g 설탕 820g. 가루 500g 콘스타치 130
  횐계란푸들·200g 쇼트링 100g. 물 180cc
  레크레이숀 가다 6·7 회 合 2箱
④ 쇼트 쿡.
  계란 1K200g 설탕 820 가루 500g 콘스타치 130
  횐계란푸들· 200 물 180cc 上同
⑤ 붐베 ⌓ 모양과 같다 레트쿡上部의 반족으로·
  反 구제가네로·여러가닥으로 짜터 구어서 쇠에 적당히
  모양좋게 붙인다.

※ 品名· 푸랍·
마가린 500g 슈가 500g 계란 12개 헤즐그냐 해즐너츠
체리 150g 박력분 600g B.P 1g 해즐러너츠.

※ 키께 개이
까이를 얇루를 같이 밑에 3천긴 을 샌드 한다슈. 세로 15 대가로.
cm 로 절단 하여서· 커버스폰지로 가로 씨서 세로 원지로 싸서
두 실로 묵어서 눌스면 좋은 商品이 된다. #500 70. 6. 15

※ 1970年 8月24日
            쵸코젤.
설랑 1k개각 계란 24개 가루 1k800g 코아 200g
마가린 2kg 물코초코 300g 라임 300g 스크라트 300g B.P 10g
보장수위 600cc 술 30cc 벅 200g S.P 10개

※ 레몬 췌어스
A 마가린 666g 슈가 570g 가루 930g 계란(황) 15개 B.P 10g
  적껼 7cm 두께 3mm   두께 3mm나   600g
B 볼 레몬 1개 슈가 500g 물코림 0.3l 호두 찻 400g
A를 먼저 꾸어서 샌드한다음 B는 슈가 와 물코림 들을 140도로 끌여 낸다
음 후로· 조시를 맞추어 샌드 한 A 쉬에 적당히 올리 면 좋은 상품이 된다

※ 카스타레 쩍·
  마가린 500g 슈가 500g 계란 5개 가루 1kg
製法 배모양의 쩍꿑에 담아 구어낸다음· 카스다레크림을 짜서·
  모양좋게· 다듬는다 또는· 바릴 쨈도 된다.

※ 이테리안씩.
  (베닝계) 계란 흰자의 180cc 슈가 480g
製法 까이를 얇게 민것을 짱으로 3장을 샌드 려어 上部에 올린다음·
    찻 또는 때에 따라서 바일을 뿌려서 약간 굽게 굽는다.

(22)

※ 바바로아 · 케익
무강우유 0.P.l (5合) 슈가 250g 제라찐 60g 계란(황) 10個
바니라 레몬 향 少量
生크림 · 1병 3 슈가 160g.
製法 무강우유를 60°C 로 열을 올린다음 · 제라찐을 녹인다
계란과 설탕을 아와올려서 ·

※ 몽블랑 파이
물 180g · 빠다 200g 가루분 40 강력분 160g
반죽빠다 20g 계란 1個 · 소금 6g
製法 · 모든것 배합후 약 30분 후에 빠다를 넣어서 접기시작.

※ 코코아스폰지
계란 2K700g 설탕 2K250g 박력분 1K500g 콘스타치
135g 코코아 300g · 면 600g 무강우유 150cc
製法 · 메스다테 · 먹시 설탕은 녹으려 자주 휘리에 넣어서 · 믹싱하여서 철판 또는 · 그릇에 담아서 굽는다 (5 철판 분) 밀도 소요일

※ 백 스폰지 (소프트)
계란 2K700g 설탕 2K340g · 박력분 1K230g 콘스타치
300g · 물 540cc 바니린 · 레몬까우다
製法 코코아스폰지와 같음

※ 핫도그
계란 24個 · 설탕 200g 박력분 700g B.P T스픈 1個 ·
후추가루 T大 미원소금 T大 合 · 3個 물 少量.
製法 · 핫을 · 나무 젓가락에 끼어서 반죽을 묻히고 빵고물을 묻여서 · 기름에 튀긴다.

※ 블란서 파이
박력분 450g 빠다 U.S.A 75g 계란 3個 (속빠다 450g)
製法 반죽은 빈틀파이와 같으나 · 4번 2째 부터 뒤집어서 접는다.
1.2.3 은 上部 4은 下部

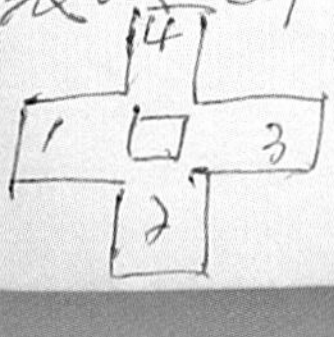

※ 도시락 초코렛.

설탕 1K975g 계란 2K400g 박력분 1K200g 코아500g

마가린 2Kg 라면 3g B.P 10g 무당우유 600cc 술 300cc

멸 200g S.P 10g

製法 마드레느와 동일함.

※ 와활은

설탕 430g 박력분 540g 계란 40알 호배나 380g 꿀50

스킴밀크 30g B.P 6g (암모니아 3g)

※ 코날

설탕 440g 박력분 540g 계란 40알 배나 350g B.P 6g

코날 적당 스킴밀크 30g

※ 쿠키 (낙화생)

설탕 540 박력분 540 계란 40알 배나 60g 리나스배나 180

스킴밀크 30 B.P 6g .

製法. 모두같음. 셀베 가다세굽는것 굽게 반죽후 제품함

※ 다지을 아라카레라

설탕 775g 배나 450g 쇼당 113g 계란 175 + 강력분 375

박력분 40 라무주 1.8 cl S.P 45g

製法 . 마드레느와 동일함. 무당 가나에 대로 랑자를 육신기을 갈어버

굿이대면 맞좋은 케이된나 사라 5cm 길다두기형 마감이 1개함

※ 산부에 바트칠 (버려놓유에 뜨인다)

박력분 5Kg 설탕 2Kg 계란 20알 마가린 1K500g

쇼당 1K500g 석염 배나라오일 小量

1971年 3月 2日.

※ 오무렐.

계란 30알 박력분 300 슈가 300g 콘스타치 200g 도라이 밀크 100g 멸 50g

방법은 現在 우리만들고있는것과 동일함.

※ 우유 쿠키.

가루 300g 설탕 150g 빠다 180g 계란 2란사. 15개 치환 2분.

반죽 · 반동 · B.P 반스 13% 카스레라와 쉬가후르스. 먹는 밖같게 배합. 1촉

製法 일정한 (적당) 그릇 에 · 반죽한 · 것을 13을 앟고 싸등이 싸서 담는
다. 다음. 빼냉개로 적당한 모양을 낸다 設糖 두리고
하는 모양은 우물었라 비스 한다.

※ 우리가 말하는 페이트 서양사람들은 케크 페스트리 라한다.

※ 品名. 쇠나골. 3月 7日 (나폴레온·쩨까)
박력분 280g 빠다130g 마가린 150g 유가 120g 모두 60% 광육 빠다나
製法 슈 -니트 式으로하되 위에 잡으로 다이몬드형으로 짠다.
철판 2시에 오배지로 · 구멍을 뚫어준다 · 1판분 6시간 현다반50

品名. 오트밀 쿠키 젝. 3月 7日 (나폴레온쩨까 께서)
유가 900g 오트밀 900g 박력분 900g 빠다 900g 계란 8개. 레몬 450g
위마스 480g 소금 18.2g B.P 37.5g 중조 37.5g 콘스타치 450g
계피 少量 900대숫 향료 바니 빠 반50

製法. 빠다와 유가를 곱게 치댄다을 계란을 넣어 벙실 한다을 소다을 물에다서
함께 믹싱. 콘스타취을 넣어서 굼고 섞어읽. 가루 에 B.P을 물고 섞어서
레몬 후라. 계피 향료를 함께 넣어서 · 곱게 반죽 한다.
이것은 나르자 성깔이나 D.S.M을 오늘쓰면 러좋은 켁크가 될것 같다.

品名. 치즈 켁.
A 마가린 180g 유가 200g 계란 150g 박력분 200g
B 계란(흰자위) 300g 유가 240g 복숭화루위 4초000 (500)
치즈 150g 박력분 100g 계란 (오란자) 4란사

製法 A 배합후 · 켁 반동 그릇과 같은 형으로 덥반 하여서 오른 에 먼저 굽는
다음. 버으켄과란는 사이즈로 까스테라를 높이 약 5cm 정도 쩐던
하여서 · 그릇 에 쎈트해서 담는다 · 다음 13계란 흰자나 설탕을
만베고 굼이나 치즈는 1젠지에 갈아서 계란으로는 자취를 넣어가 1면

1971年 4月 20日.

풍불랑젝 60   모양. 上部에 밤윅는 않음으로. 오다게기로. 알맞게 친다

슈 제드 라끄젝 60   〃   으로 부착.

리린 바바로아 60   〃   적당한 곳에 과인을 붙으로. 간 담들따는 나눔 스프로럼 에 비버더를 붕거 덜으에떼

냉우 데산젝 60

꼬날 지드젝 60

비히 젝   60   밀코 초코젝 100 1°.6.1

그린 구슬 50   밀코 고로젝 50   〃

마쇼마로 초코 60   하니몬 젝 . 50   〃

레몬 바바로아 60   오트밀젝   50   〃

본베젝   60   훗트젝   50 ⊞ 〃

레트로우레젝 60   호덩젝   50   ◎

버슌틴로우 60

스도배리젝 60

깍헨젝   60

요크트 제리 150

끄링   60

메트 소트(田) 1500

스트배리소트(田) 1500

슈   50   초코만주 50

라이   50   사바란 60

옥강   50   치스젝 80

레트   50   벅쿠흘 50

어가롱   50   슈니트 50

마드레느   50   미를므 50

구리만주   50   오믁렏 50

휠 병   50   꼬〃먼 젝 50

젝   50   꼬린 낫쯔 50

4. 휘핑한다음 가루설이더 둘이다...는
휘자위를 치대 휘핑설이더 느끼게같은이 나눠 그른 150~
내 약 80분후에 내면 맛좋은 케코가된다.
시안계는 젊은 바른더라 적당히

品名. 치코킷. 1978年 4月20日 남만 500개
계란산80g 황 8個. 전간 220g 박력분 240g 치즈 340g 물감 소금 P.MILK

製法 치즈를 매리에 휘핑한다음. 80°C의 물장 위으로 휘핑 풀다음 가루 150g
느슴게 섞는다음 계란 황 4個을. 배합후 카스타데 크림 같이 끓이다
같은 시간 에. 계란회자위를 설탕과 섞어며 뜨거운불기 무 아무 매기응이와
같이 부칭한다. 끌여 낸 일종의 크림을 전간으로 넣기가면서 슈하듯
휘게 젖는다음. 가루 100g을 섞어더 휘짱 조금씩 배합 분모구
섞어되. 그릇에 담어되 150°C 오본에 1시간 4 0분 구 며내면
고흡켓 이 된다.

品名. 이테리안 매링게.
계란 360g 설탕 100g 분 적당 설탕 440g

製法. 계란 360g을. 그냥부칭 하며 설탕 100g을 넣어. 휘게친다음
설탕 440g에 분 적당히 넣어 휘게 젖은다. 면러 벽8 간테
넉어되 여러가지 모양으로 또는 색이 시안게 한다

品名. 레몬 크림.
우유 180cc 슈가 500g 계란황 15個 박력 45g 모스타히 100g 분레몬 1/2

品名. 밀코초콜.
박력. 600g 슈가 300g 빠다 300g 연유 100g D.S.M 180g 소다산 +
B.P. 10g 계란 200g 찻 모든 150g

製法. 비스콜 반죽 하듯 휘게. 밍싱 한다음. 바늘 굴스면. 성곽을하며
너 이루 매름. 사발리 치대되. 적당한 가다로. 적 어더
가게미 흐는다. 다는. 슈가. 드라이. 연유로 샌드크림
을만들여러 샌드한다음 둘레에 밀코초코렌을. 바른으로
서 같이 바른다.

品名: 옥수수빵

박력분: 800g DSM 400g 빠다 500g 설탕 800g

리나드빠다· 400g 계란· 8개· 소다· BP 20g ?

製法: 믹싱비터로 크림 하여 소다 넣는다 다음 계란· 빠다를 섞어서
믹기서 적당한 것 가라아 정리 하여 굽는다·

品名 CORN BREAD (완식의 레시)

Flour Soft (3 COP) 밀가루 ? Egg 3개 Milk (qt) 320g

Salt 1 TSP B.P 3 TSP Salada oil 1½(COP) 350g

Corn Meal (3 COP) 170g Sugar (3 COP) 600g

製法 Sugar 에 oil을 조금씩 넣으면서 아이버대로 믹들친다
다음 Egg 을 넣매주며 다음 Milk을 3분씩 섞는다 다음
B.P을 넣고 Corn을 넣고 FLOUR을 넣어서 오븐에 구어매면
맛은 周때에 된다·

X· 액스호마 슈─

박력분 300g 물 320 박력분 375 계란 320g B.P 10g
액스호마 20g 액스호마 융해 액 (2K) 200cc

製法 보통슈 하듯· 방 넣와 같다· 액스 호마가 들어가기 때매
제반이 약 3개 정도· 넣을면서 적숙은 천등하다·

X· 네오 체니

물·24g 맥아 60g 포도당 120g 슈가 250g 물엿 50g
(670g) 네오체니진료 25g 색소· 향료 적당

製法 포도당이 있을때 맷 50g 없을시 물엿 670g
물에 네오래리진료을 넣매 멸나라 3개 걸닌다 끓이는
는때 멷츠 끓이안됨· 끓는 맛는 물에 넣기며· 선넣은끓
는바 다 천등않어서 색소 에 다나 향료을 넣는다·
후링· 슈답 설량이 크리 한고 한천으로 만든것 보드
글 질이 더 좋음·

品名 洋菓子 (仏)   도 — 도.

A 요령 350g 가 — 130 : 제란 — 120 : 개 누비에 130이 튜탕공 ...

B.S 水量. 박력분 ...

B. 제란 ...

製法. A ...

品名 洋菓子 (독일) 빼 — 유

A 빼다 100g 요령 100g 슈가 130g 제란 황 1300 치즈 200 g
굴 10g 보레표 ... 빼다 小量 13.P 12g ...
제란 B 130g

B. 제란 1200g 슈가 ... 맥박 600g 빼다 ... 부란듸 80cc

C. 모방우류 900g 슈가 ... 맥박 30g C. S 60g 제란황 6개

製法 A는 ...

品名 모 ... 和菓子 (日本)

A 제란 130 ...

製法② 보통 미느렬 반죽 하듯 하며 되운다 13. 화루 선. 양고를 만들어두덕
다기나. A 반죽을 너귀 반죽 대듯 때너 짜서 1째포양의 그릇에
담어서 적당히 올린다음. 계란을 칠 하며 굽는다 180℃ ~ 180℃ 17분
1971화 요립붕자 1째 40원.

品名. COCOS 스위스. 가을자 내란때액.
슈가 600g 코지는 분말. 간0g 계란6 200g 박력분 100g.
製法. 코지 녹거 계란. 끔게 푼다음. 화덕에서 끔거지은자지 익힌다음.
가루을 널어서 지에가게 식혀서 호저 구지로. 철판에 짜서.
180℃ 오분내서 굽는다. 180℃ ~ 200℃
1971화 9부 스10 대구 강습회장에 서.

品名. 엔 후라지안 후루 호도 게카스.
A) 1째터 200g 슈가 180 박력분. 340 계란200 g라아일 200g
레손 1째루 100g 오렌지 1째루 70g 13.P 탕 라무주 25cc 레몬다
1째나라. 소다.
B) 1째다 오론지 1째다 60g 슈가 55 g 계란 3게 가루(박)100g
製法.A) 라운드 하듯 곱게 믹싱 한후. 철판에 적당한 양으로 짤는다
B) 보통 스론지 하듯 하되 1째다가 있으니 고집 할것
모두 제품된. 것을 용도에 맞게 전단 하며서 스론지는
1째 값슬 나는 뫽환. A는. 속 뫽환을하니 좀더. 여러 트양으로.
만들어 니다

品名 月餅구.
생백탕 182g 水67g B.50.4 13.P 0.4 포도닥 25g 기나이드
0.3. 가루 355
製法. 메기메드 계란이 들어가지 않으나간. 잘 반죽하며 야기
하마터 면 후나 1째넌다
앙소 白항금 2kg 슈가 150g 물멧 100 g 검정깨 150g
사라다유 60g 호두 30g

※ 제빵 반죽 물온도.

TR = 실내 온도
TF = 소맥분온도
TM = 박사온도
TS = 종종온도

27 × 3 = 81

실내온도. 소맥분온도. 박사온도 를 합해서. P1 에 빼면 반죽 에알맞는 물온도 가나온다.

박사가 없을 때 손으로 반죽 할때 계는. 실내온도 다 가루온도만 배산하는데 게를들어서 27×3=81 실내온도 + 가루온도 를 빼면 다음 온도가 나오면 물을 박사 기울아 가면 1° 란 열이 생긴다 그것을 빼면 손으로 빤죽 할때의 온도가. 나온다.

※ 食빵 제조법.

강력분	8次	33.750Kg
水	55 % (53%)	17.890Kg
설탕	720소	21 Kg
소금	13소	0.510 Kg
이스트	210소	1.020Kg
쇼팅	360소	1.350 Kg
소킴 멀크	360소	1.350 Kg
YP		85 g

1969年 9月 5日 現在在. 실온 33°C 가루온 21°C 믹사 33°C
반죽 희망 온도. 25°.
희망水온 = 25°(회망발효) C ×3 - (33+21+33)
= 75°C - 93
= - 18°C   24 - (-18°) = 42°C

얼음 필요량 C 필요수량 × 수온 - 희망수온 / 수온 + 80 = 104

1972年 1月 12日.

부엌 초코부래터.

강역 1kg. 설탕 180g 소금 20g 마가린 100g 코아 150g.
이스트 30g 계란 5개. 물 600g.

製法. 보통 빵과 같이 제조 하면 족 함.

　둥근 가다에. 한복 같이. 제 윈크게 1한쪽을 비벼 놓고
그 둘레에 조금씩 적게 1비1비터 적당한 수량으로 깨운다.
오븐에서 나오면 떨기가 가신 다음. 초코렛으로 센
드 하면 포장 하면 좋은 상품이 된다.

※ 보통 반죽으로. 섙에 1깨서 발러서 51때
선 깊도 동록르므로 놓고 싿어서 적당한 크롯 비
기운 하면. 만 날 비틀 ⊂▨▨▨▨▨▨▨⊃ 그림과 같이 철날
하며. 둥글 제 놓아더 발효시켜 수여 내면 좋은 상품이 되
누웠다.

$186 \times \dfrac{21}{104} = $ 약 $7.5 \, Kg.$

83

$\dfrac{82}{26}$

$93 \times 21 = 1953 \div 26 = 7.6 \, Kg.$

$24 °C$ 물 · $10 \, K 400 g.$

얼음 · $7.6 \, Kg$

쥬 레몬 빵 : (스폰지)

고래고 · 가루 · $4.6 \, kg$ (70%) 로

물 · 3.0 ,, (35%) 얼음 $2 \, kg$

이스트 240 ,, (3%) 물 $24 °C \, 1 \, Kg.$

이스트푸드 20 ,, (0.25%)

도우.

고래고 $2.4 \, kg$ (30%) 스폰지 반죽을 떠서 쳐놓

물 $1.28 \, Kg$ (53.5%) 았다가 적당히 삭힌 후에

이스트 $400 \, g$ (5%) 도우 반죽을 쳐서.

소금 $180 \, g$ (2.25%) 15분후에 갈는다.

쇼트닝 $320 \, g$ (4%)

달기 노유 $240 \, g$ (3%)

설탕 $1.44 \, g$ (18%)

전 로 $2.8 \, Kg$ ⟩물에 두시간 담겼다 가려워서 15분 이상물 걸러.

시나몬 $80 \, g$

쥬· 햄 빵고

새고기 $600 \, g$ 옥파 $300 \, g$ 마늘 2 個 (꼭) 소맥분 1 흡반 · 빵고 1 흡만

미원 T 스푼 2 個 후추 T 스푼 1 個 · 버곡 (새고가루) T 스푼 2 個.

제란 3 個 소금 少量

※ 레나웅- 페스토리 (덴마크 빵)

강력분 수800g 박력분 1200g 설탕 800g 빠다 400g
계란 800g 이스트 200g 소금 18g 스킬 300g 노래분 1/2
물 1320cc

製法 설탕+계란+분유+소금+레몬+이스트+가루 배합+물
다음 빠다 빼 강력 박살 저속 3분 고속 5분

만죽온 실온 27℃ ~28℃ (재래식) 2차 온도 3분.

빠가다에 올려서 공기를 뺀후 C 1℃ ~ 0℃에 2시간. 정도
두었다가. 만죽의 전량 의 ⅓은쪽 빠대로 싸서 라이 반듯
이 민후 3번겹어서 7 m/m 냉장고에 2 4시간. 두었다가
0℃ ~ 5℃ 실온에 1시간 두면 치밥 정도로 부드러워진다.
다음 7 m/m 정도 민후 3번겹어서. 버넝로 싸서 냉장고에 두면
다기 다시 냉동기에 30분 40분 두었다가. 빠가다에서
접는 라에서. 여러가지 모양으로 가다를 잡는다.
호이루 ℃ 30℃ ~ 32℃ 1시간 발효후. 계란上에. (80여 발효)
오끈 ℃ 200℃
내 높이 1 c/m 넓이 4 c/m. ○ ○

1971年 3月 1日.

미농무성 해외(후리아) 기술 지도 ㅎ! 내관한   저 1계라

세 레히일 친 외가 콘 살레스 씨· 실기 메이란· 째 1라   ㅎ

※ 호빌빵 (라이브레드) 3月 1日 現在.

강력. 4.5Kg 소듕. 110g 슈가 200g 쇼팅 100g 스킴밀크. 200g

호밀가루 1Kg 물 3250g 이스트로드 10g

製法. 물 27℃ 를 을 반죽믹사에 부은다음· 슈가 소듕 쇼팅을 부른다~ 물에 이스트를 곱게 푼다· 믹사 에 이스트로드를 넣기· 다음~

다음 물료 쳐머· 가루와 스킴과 호밀을 물으두 넣어머 반죽 으일~

약 7분과난뒤 에 쇼랑을 넣어서 1~2분 섞는다· 습. 2시간 발효~

약 1시간 발효. 에 호밀빵은· 발효 휀상테가 츤 반국의 2배 된다~

자기부음레로 18양을 잡머· 37℃ 에서 약. 8 0분 지난 후의~

군소리들 부르게 곤여서 발른다음· 위 에 빤드 갈료 칠 이러·

뫄곤게· 약 8 0분굼이 대면 굽은 상틀이 됨.

으론 기 틀이 만후 18분동안 문을 열라 발벗 연먼 슈도가약 이~

2.2는 세 지장이 있유· 습도 80%

3月 2日. 고려당 강사 콘상레스 Q.

식 1빵 스폰지 법.

강력분 4Kg 이스트 125g 이스트후드 7g 물 24℃ 2280g (이상스폰지)

강력분 1Kg 소듕. 100g 슈가 25g 쳔지 분유 340g 물. 800g (이상 도우)

製法. 이스트와 후드를 곱게 푼다음· 4Kg의 강력분을 믹싱한다 소로 또 3분간뒤섞~

단 스폰지는 물라 가루가 꼴으두 섞기기 만하· 1면 된다· 구로텐 형성~

반죽된 스폰지를· 26~27℃ 머 2.30 ~ 3時(四 후 먼처 1분에 10분.

희건하는 믹사에 스폰지를 넣그 도우 메 쓰이는 물을· 코르식· 넣의 썩는 다음· 약~

준 3온도 물이 들이 값은 2에 가루 분듀 소듕 슈가 함께 썩이머 10 분 되면서~

의 반죽이 다된다· 긔이을 반려 고어서 상태를 보아 한다·

뫄믄 바로· 린료 방의 반죽으 겉당린다음· 벤치타임 15 분두· 긔다에·

넣어머 32온 호이머에 40 분 키운다 음· 그때도 상틀을 버 야란다·

손으로 눌러서 천천히 올라 온대 가 적당함. 오른 기름다가서 나 이분을 하는데
이것 박시 15 분동안 문은 열면 안된. 효모 100
드라이 300

스폰지 반죽이 적합 하다고 할 때 약간 붕우리 진것이 완쇄하게 되 모든대쯤
때 시간이 다 된것으로 간주 한 다. 분르(약류) 이스트를 길러게 하는 효소재
빵 에 쓰이는 용이 (벤치지임 쪽 로 우 라임.

※ 전지 분유 와 드라이 밀크의 다른 점.
전지 분유 미 드라이 밀크 72 % 기름 +8 % 가 들어 있으므로. 전지 분유을
사용 할때. 기름과 드라이밀크 계산 방법이 달라 진다.
전지 분유 에서 드라이 밀크 와 기름을 구 별 하는 계산법.
100 ÷ 72 × 100 = 140   140 여기서. 100 은. 드라이 밀크 140 은
기름 이라 다. 함.
9 융. 스폰지 법 식빵 에 쓰이는 재료에는 원래 드라이 밀크 200 g 슈링 100 +
을 사용 하게 했으나. 드라이 밀크가 없는 반제 로. 전지 분유 300 을 사용
하 였음.

※ 빵에 적합한 가루를 분석 할때.
강력분 50 g 에 + 8~33 cc 의물을 흡수 할수 있는 가루 면 최적품.
계로 용 면 26 cc 로 함.
곱게 박탁 된 것을 물에 빵벙 담백질만 남는다. 다음 소금을 조금넣어서
곱게 빵에서 물을 닥이 낸 양이 너 g이 면 최 적품 이라 함.
오른 미주에서 크게 자랄수록. 좋은 가루 라 함.

※ 식빵 스트레이트법. 3가 3미. 강사 미스터 콘잘레스 씨 (너들뉴욕)
강력분 10 kg 소금 200 g 이스트 250 g 루드 15 + D.S.M 400 g 슈링 200 g
물. 6400 g 240 c 유 - 가 800 g
製法. 가루+쇼킹= ① 소금+이스트+ 물을 별수= ② 물 + 이스트 ③
13 루 함게 넣고 스로로 2분. 동 긴루 1 분에 130 回 이상되는 믹서에
14분 루. 27° ~ 28° 발효실에. 1시간 30분 ~ 발효후 온도는 29°
스트레이트 법은. 스폰지 법 과 달러서 개스가 말 이 없으므로 [때] 별로.

잔 뽕아 네야지 · 그렁기양외면 · 물건의 차이가 많다.

!펜치 다 하면 30분 · 이것 역시 후이스트식'으로 하면 좋은 물건
을 만들수 있다.

※. 스폰지 경대 데한 참고.

시간관계상 밤에 반죽을 친대 스폰지 올릴때 전채 반죽기
들어 가는 이스트를 두로 預측하니. 나머지 딴이스트 두는 · 도스 반죽
그때 사용하 면 · 이것 역시 온차이는 없으나 그런대로 방식 이나
도 스트레이트 법의로 반죽한때 · 발여가 성능이 좋을 면 · 구로댄
이 구온약 한 것이 더 맞다고 하.

※ 빈니 빵.

강력분 3.5kg 빈가나 1.5kg 소금 110g 유가 과이 효리 100g
이스트 150g 루드7g D.S.M 200g 물 3100g 30c
역시 배합 방법은 전순 경기바같으나. 물통 + 소금 + 설탕 + 루드①
물통 + 이므트 초함. 역시 2분을 므로로 하되 110回 固던 속도에
14 분 돌치번 된다. 온든반죽의 전채 시간의 ⑤ 이지 맛 될때
기름을 넣스면 제일 이상 적임. 배합온도는 26c 30c 로화후에
27-28c 발효실이 50분. 1방효 틴상태의 온도는 →8c
펜치 마닛 15분. 역시 맴믹로빌머. 그릇에 담아서 30온호이즉
에 그릇리 슈이 올라 남을 때가 가장 이상 적임.
온으타치 풀을 바르니 · 40분 굽는다.

제 4번 태구당 · 강자 콘잘레스①.

※ 리세 부레어! (둥일式)

호빌가루 200g 강력분 3kg 소금 115f 슈가 · 200f 이스트 2여 루드120
D.S.M 200f 300g 10c

製造 슈가 + 소료 + 루드 + 호빌 + 가루 + 이스트. 이것 역시 스트레르 밥이나
물통들. 반죽 할 그릇에 담고 슈기 金府후드을 넣은다음 닭서 섣을대음.
효빌을 넣어더 찬대둘린다 다음 글끼 이스트 타능는것 늣 나가루

를 넣는다. 1분에 110회전하는 믹서에 약 12분 반죽하면 믹기가 되는데
으로 관리 한다. 그후는 미리미 지나 봉 의 3배 정도 되돌린다. 미싱
이상 거친 반죽하는것은 먹서 자기 봉 의 크기 되드러면. 가장 이상 적
이라나 한다. 다른 별 방법은 없다. 벤치타임 15~20분
주의 할것.

힌틀반죽 한다. 모든것이 양 하므로. 너무지나치게 치면 안된다.
갈로 바으이며 1.5배 지나 늘2때 다라랜것으로 간주 한다.

× 쿨 프렉 힐레리 (우유 식빵) 스크러트
옥수수 가루 1.5kg 강력 분 1.3kg 소금 111 설탕 130 g 30 g 드 7g
이스트 200g 쇼팅 150 g 물 3200cc

製法 물 큼+설탕+소금×루드+누구+가루 +D.S.M 스타츠 후 쇼 요르르 쇼팅 배합
반죽 시간 모두 12분 28℃ 데며 180 발효 벤치타임 40
이것 먹지 어두 지라면. 살모 없는 힘 맛이리 나 가 포심

× 북장수유로 만든 식빵.
강력분 12kg 1000 소금 150 g 2.0% 슈가 13kg 6.9% 쇼팅 800
4.0%(칠 150 대산 인데) 루드 40 g 1.8% 이스트 750 g 3.4% 북장수유 3 kg
60%

製法 우유 큼+소금+번당+루드 =① 우유+이스트=② 루. 36분동안 믹시하는
함. 반죽 드 도는 예상 보다 다소 높은 26℃ 멋다. 약 45분 후 1차
같는다.
북장 수유의 참다.
북장수유에는 87이가 물. 지방이 3% P.S.M 8% 이스트로.
B는 정 큼을 할때. 쇼팅을 통이하는데 할것.

× 데니 쉬 – 래스트리.
강력분 1kg 소금 30 g 슈가 200 g 쇼팅 100 g D.S.M 80 g 드 8g
루드 8g 물. 180 g 반죽 방법은 드레트 법으로. 위리 보라갈다
製法 반죽은 24℃ 미만 포심 할것

밀가루량의 3 0/0 가족 빼니로하괴. 3 3℃ 에 발효시는 쇼팅 (쇼핑) 을넣면서 빼니
전반. 을 군데한다. 반죽이끝난 은시 국사가적은으로 반반을 쇼핑 바에 빼
다가 군데먼건을 아레그림데로. 틀에 넣하는 넓제에 손으로 빼아논듯이더
굴러 놓다음. 세번째눈디, 하음 1.5cm 정도 면나음. 4 번넣는다.
다음. 枠 2 2 ℃ 의 냉동기 4 0 분을 군힌다음 역시 1.5 cm 정도모아더 4 번넣
논다 다시 2 2 ℃ 의 냉동기에 3 0 분 벤치타임후 0.7 cm 두께로 절단하
며. 3 3 ℃ 의 후로박스에 2 5~3 0 분. 라란다음 2 2 0 ℃ 의 오픈에 굽는다
이것은. 매장마자리 한다우리 말로.

品名. 독일빵.

가루. 1× 슉가 4 0 ㅇ 소곰 2 0 ㅇ 스킴밀크 3 0 ㅇ 이스트 2 0 ㅇ 쇼핑 5 0 ㅇ
물 8 0 0/0.

체중 보통식빵 반죽하듯하니 2 급되게 하뻐터. 약 3 0분 발효시킨다음. 적당한
양의 반죽을 정돌게 달아서. 처음에 공령도 약고 2번째 중정도 약고
3 번2째 번반 2 0에 더 아래위를 잘 검창시킨후 양 벌을 뗀주하게 먼든
어더 호이후게더 적당히 키워서. 오픈에넣게길건에 먼도 칸로 보기좋게
나나께 (벌오로) 꾄 이흐디을 오픈에 저른으로. 오래굽는다.

생이스트와 건이스트의 비교법.

생이스트. 1,000 × 건이스트. 0.4 ㅡ 4 0 0 g 4 0 0 g × 2.5 ㅡ 1.000

品名. 레즌 부레어.

스폰지 {강력분 (코키리) 7 kg (7 0 0/0) 물 나 k 2 0 0 g (4 2 o/o) 보이므도 4 0 0 g (4 o/o)
{소림 4 0 0 g (4 o/o) 이므루후드 2 5 g (0.2 5 o/o)
이상 재료을 믹사에 4 ~ 5 분 믹싱 한후 1간측 온도는 2 5℃ ~ 2 6℃
로. 오시간 3 0분 가량 썩 친다.

도우 {강력 3 kg (3 0 o/o) 물 1 k 8 0 0 g (1 8 o/o) 식림 2 0ㅇ (2 o/o) 슉기 8 0ㅇ (8 o/o)
D.S.17 3 0 0 g (3 o/o) 방이싱 2 kg 2 o/o)
적당히 썩은 스폰지 반죽 에 이상와 같는래로 7 ~ 8 분 배항후 벤치다 잇 6 분후
2룰데 담눈다.

佛蘭西 부레드 (

준강력(백밀) 7kg 강력 3kg 식염 200g 노이스트 100g 몰트 20g
설탕 50g Y.C 200cc 물 6kg.

Y.C 배합율

이상과 같은 재료로 보통반죽 하듯 쳐서 25℃의 반죽 온도를
맞추어 2시간 가량 썩힌다. 도중에 나까마에 온 해준다.
적당히 산 이쓴때. 손 따로 1kg이내에 눌러서. 아래나 같은 방식
으로 저울질 한다. 도리 불 850g. 파리장 850g 바게트 400g
빵 360g 다바치에 350g 삐삐드 350g.

1971年 8月 8日 현재 가격은 우데나로 150. 120. 90. 20원으로
되어였다.

철을 질한 반죽을 가으을 때로 적당한 길이로 비비어
게반 물을 바른후 편도 칼로 보기좋게 절어서 닭시 25℃
에 굽는다. 댐부 있는 데로. 오래 쑤구워서 껍질이 단단
하게 하는것이 좋다

材料名. SOUR DOUGH · 썩은 반죽.
YEAST 28.35g (2OZ) SUGAR 28.35g (⑴) WATER 1ℓ
900g (2ℓ3) FLOUR 1450g (4ℓ) 감자 900g.
製法. 우선 감자을 쌂어 그물은 900g를 가지고 위의 재료나
배합해서 하루 (24時間)을 잘재눈다

材. FLOUR 1k200g YEAST 113.4g SUGAR 226.8g
WATER 4k720g SALT 산g
製法. 뒤의 감자 삶은 물 900g라 함께 이상과 같은 재료
로. 식빵 반죽하듯 배합 하여서 모양은 시대 감각에 맞
게 잡어서 다른 빵과 같은 코스로. 제조하면 좋은 대중식
빵이 된누있다

1971年 8月 15日.

食빵. 강력분 →7Kg (100%) 슈가 2160g (8%) 쇼팅 1420g (5%)
소금 540g (2%) 이스트푸드 81g (0.3%) 이스트 675g(2.5%)
D.S.M 810g (3%) 水 18K740g (62%) 50本

回 1971年 8月 10日 스위스 가을자 未韓 발효에서.

品名. 스위스 TAIL

목장우유 1000g 소금40g 이스트 80g 계란2개 1버터 2개
몰트 30g (슈가5g) (malt) 강력분 7K200g

製法. 목장우유 35℃로. 소금、슈가. 이스트 계란 을 함께 넣어서
묽게 푼다음. 가루 버터 순으로. 넣어 믹싱 저속으로.
5분~6분 믹싱한다. 발효시간. 30℃에서 40분
生地온도 31℃.

300g×2×2개 100g×6×2개 50g×8×1개.

길게 중간은 굴려. 나가면서 양쪽이 가늘어지 상태로
버며서 300g 짜리는 七支식. 100은 /|\ 150 \|/
머리 땋듯시 만든다 하는식이 좋과다음다.

品名 Sweet paste
목장우유 1000g 이스트 80g 슈가 200g 소금20g 1버터2000g
계란 4개 강력분 1K900g

製法. 목장우유30℃. 소금. 슈가. 계란, 이스트 함께 넣어서 묽게 푼다음.
가루 배합 나동시에 버터도 배합 한다 저속으로 약 3분믹싱
고속으로 3분 뒤도 믹싱하면. 된다 生地온도 31℃
1개 50g 중량으로. 정둥글 하면서 맬로 밀다음. 알더 가운데
크림 만들기놓은것을 고르속 발러서 나려왔음으로. 호이루에너력
당히 자라면 가위로 中間을 절단 하며서 절단에 소금 弱넣
은 것으로. 발러서 2000의 오분뒤 20分정도 숙는다.
먹음직스러운 과자빵이 된다.
이 박에 얇게 민기어 크림을 고루 발러서 3등분절단 하며서

만어디·여러 먹듯이 만들어서 앤겔 가다에 비슷는 것도있다.
다양하게 제조할수 있는 제품.

品名 비너나 코월.

材料. 1000g 슈가 200g 콘스타치 100g 계란 15g 비너나ESSe
부향우유 중→슈가·계란·콘스타치
水 1000g 된다는 외의 것을 오늘씩 넣어서 끓이 편한다.

1971年 9月 13日 미스터 곤잘레스氏 실기와 강의
◎品名 부레고 의
강력분 1kg 소금 14g 슈가 240g 계란 8개 (400g) 쇼팅 300g
D.S.M 60g 水 900g

계란 1개의 수분량. 계란 1개에 수분은 75% 노란자위
는 50% 흰자위는 88%. 마가린는 국제규격 15%

製法 水+계란+슈가+이스트+소금 ㄴ가루 에너 약 20~여분 믹싱.
보통 켁 믹서. 1, 2단 130回全. 냅지 온도 27°C
약 2시간후 베이다에 올려서 환경에 따라서 모양을 적당
히 잡어서 (예 ○○○) 계란 물을 바른다음 호아로 베터 키운다
호이로 온도. (33°는 36°C) 또는 적당 한 양을 베이다
베 약 5mm 정도 민다음. 시나몬 슈가 바건같모를 위메
뿌려더·말어서 절단 하여 버터 형태로. 모양은 만들
며면 좋은 제품이된다. 이므리오 쉬는 선진국베가 1일
레호도낭에 버러 형태로. 오랑 으것을 손님들이 자기
마음대로. 스꼬따 잡게 꺽는 것이다 물론 돈은 받지 않는다.

◎品名 食 빵.
FLOUR (S) 1kg FLOUR (M) 1kg SALT 40g SUGAR 100g
YEAST 80g SHORT 40g D.SM 60 WATER 1240

製法 모든 것 과 재법는 같으다 발효. 글력분 은 버터 코스트를
낮추는 것 이다 완런 반죽 온도. 시간 모두 8배 높을수있니
식 빵이 1발효다 1 % 오븐에서 12~ 13 % 정도 죽이 정상

㉠ 데니쉬 페스트리·

(S)FLOUR 5kg (M)FLOUR 500g SALT 40 SUGAR 300g
SHORT 100g EGG 5개2알(약) YEAST 100g D.S.M 80g
WATER 1000g

製法 물+계란+슈가+이스트·+소금+가루 =2시분 먹질 끝내면.
곰바로. 바아드에서 별어서 번지주버터 (밀가루 양 만큼) 버터
를 (버터+쇼링) [버터] 그림 와 같이 3등분으로 잔다음.
버터 없는 부분을 먼저 겁어서· 다음순서 되를 겁어서
바느정도 밀어서 C 2 6 냉장고 베 약 (시간 발효)
지나음다시! 데어나내서 두께 약 1.5 베 정도 밀어서
(저음에 (1차) 밀린 넘으 다시 데밀번 [피피] 접은다음 냉장고 베
넣는다) 데밀번 겁 어서 [피피·] 그때 의 기온에 따라서 냉상
그 또는 바같에서 약 30분~1시간 발효시간다. 음.
다시 데밀번 [Ⅲ] 겁어뒤· 첨번과 같이 두 번 자기고.
1 베다 ~ 1.5 베다 정도 밀어서 여러 형래로 모양
을 잡어서 호일루 박스에 키운다 주의 할겁은 호일루 박
스에서 약 60 % 굽면 곧 오븐에 넣어 꺼 뒤야
버러는 상 같이 나둘것이 다 또· 약 5mm 정도
밀어다· 시나본 윤라· 호두 잣 건크롭을 닿헤어
말아뒤 절단 하 메 버러가 지 형래로 모양을 잡어서
오븐에 굽는 다 (호이루 박스에 키 뒤야지) 그듯미동애서
1971년 9월 16일   비스리 곤잘레스씨 강습회에서
㉠ 品名 감 자빵
FLOUR(S) 5000g 관자저이 SALT 50 SUGAR 90 YEAST 90
D.S.M 70 SHORT 90 WATER 500g
製法 감자는 완선 익힌다음 잔체 믈에서 식히뒤 보통 식빵 윤더 와 같 다그러나
감자에는 구르텐이 없기 대문에 믹싱 하는데 신경을써야 더 오바 믹싱 하지 않도록 누의

수정은 번저 1반죽시간의 후에 지나 순대 넣문것 1차 500g서 210으

토위노토 적의로 食 빵 가니에 넣이서 유기로 하고 스틱 같은 정으로도

한다. 단 백질 량이 적기 대 뭄애 보통식빵보다 량을 1양이

해논건이 정상 2차발효 50분 生地가 1개 은때 27도 호이루

할때버 1시간 20분 ~ 1시간 40분이 정상 1번식 2.20 발효.

⊚ 옥수수 빵.
FLOUR (S) 1500g CORN 25g SALT 50g SUGAR 80g
YEAST 80g P.S.M 90 SHORT 80 WATER 250 (1Kg)
쎄즙 하기전에. 물 1Kg에 옥수수 를 익혀서 식혀 놓는다
믹시 다른 빵 과같이 배합 누되는 갈다
이빵 믹시 단백질 량을 옥수수가 저 하시 적기 대 뭄에.
식빵 녀나 량을 많이 대는 게 정상이니.
믹싱 할때 조심. 너무 하이면 그가 가윌 가능이 높은 빵

⊚ 食 빵.
FLOUR(S) 2Kg SUGAR 100g SALT 40 YEAST 80
P.S.M 60 SHORT 80 WATER 1200

⊚ 기화 7월 21 쿠왈레티 강습에서.

掛蘭西 빵.

(스폰지法) 강력분 1200g 물 840g 이스트 32g 슈가 32g "水分 62%"
(도우   ) 강력 400 소듀 화4 슈가 32 요트닝 32g 물 332g
製法. 스폰지 반죽을 할땐 물과 가루 가 뭇으로 배합 되는 다던것으로
보아도좋다 구루텐 형넌은. 컬요치 않다 이 불버터 빵은 다른 스폰지
와달나서. 삭하는 시간이. 럴떠. 터빵이 삭 하는것이좋다 ①回区
3번 째 그넘과 같을때 재일 적락하다다. 27도때 보통4.30~5시간
(도우) 완전삭은. 스폰지를. 2차 반죽을 시작한다 믹서의 성능에 대하서
나르나 평균 18분 ~ 19분이면속 하이라 본다. 믹싱이 끈나 면 약40
분 시간을주어서 가누나듬. 리능드 해서 20분 벤치다임루 포양을 잡는다.

製法. 스폰지 반죽에는. 스폰지를 할때. 전체 분량의 ½% 만이 스폰지
더 해당된다. (스폰지가루 배 × 5% = 분량 × 이스트냉 보다 수가 많아
① 排發酵 부레드   1% 이상이 정확하며...

스트레트法. A
  강력분 1500g 물 960g 이스트 30g 슈가 30g 쇼링 60g 소금 30g
  이것 역시 반죽온도는 27℃ 가 가장 적당하며. 보통 18분~20분이면
  구조핸이 현성됩니다. 력상의 성능에따라 더 느려질지는수도있고. 하니
  정확하게 관찰하며. 될것이다.
  2시간 2분삭 하더 뻔지 해더 약 가 분후 에서 적당량을 라운드 해서.
  약 30분 벤치 타임 한다 후 호이루 박스.

스트레트法 B
  강력분 1125g 박력 375g 물 960g 이스트 30g 슈가 30g
  쇼토닝 60g 소금 30g
  박력분을 사용책기 때문에 뻔지 가 필요치 않다 그대력당히
  알어서 장는것이 상책이다
  1971年 9月 27日 미쓰러 곤잘레스 × 강습 (풍양제과)

品名 ① 닷지부레더 (쌀빵)
(A 강력분 4500g (10) 중력 1500g (30) 소금 ¼0 ④ 마가린 ¼0 ④
 계란 화사 180g - 88 ③ D.S.M 20 ② 이스트 50 ② 물 3662g (61.3)

製法 보통식빵과 같으니 2시간 30분후 뻔지 해두 었다. 20분후 라운드 해서
  20분 벤치 타임. (350g) 후 모양을 잡어서 호이루 박스.

⑬ 쌀가루 1kg 중력분 200g 슈가 180g 소금 16g 이스트 180g
  마가린 300g 물 800g

製法 마가린을 재 외한 모든재료을 혼합하며 푹 삭힌다 단 A 반죽이
  다 삭어갈때 반죽 하는것이좋다 A 반죽을 모양잡는동시에 마가린을
  넣어더 다시 혼합 한다음 약간의 시간을 두었다가 A 가 호이루 베더거의
  (80%) 차라들때 B 반죽을 소바 대라로. 의복분은 발러더 오븐행 약 30
  ~ 40분구의면 한국인 식성에 맞는 빵이된다

1972. 3月2日

南鮮商事. 주최 강습회 메뉴.

※ 이스트 도우넛
강력분 70% 薄力粉 30% 슈가 13% 소금 1.4% 쇼링 12.6%
이스트 6%. B.P 1.2% 水 55% 계란 7%
製法 現在 우리가 만들고 있는 도우넛나라 같은 데 방법으로 한다.

※ 菓子빵.
強力粉 70% 薄力粉 30% 이스트 4% 후드 0.1% 설탕 25%
소금 0.7% 玉子 5% 몰트 1.5% 모노구리 가세인 2% 쇼링 6%
물 55%
製法. 現在 모든 빵 한 것과 동일 함.

※ yeast 가지만주
강력 1kg 生이스트 35g 슈가 250g 쇼팅 5g B.P 10g
식염 10g 水 560g
製法 믹싱 타임 L 3: H: 9: 희망 溫度 30°C 발효실 50°C
에서 40分 후 혹 암술이나 딴 항상을 꺼내 버리다가 生地 50g
에. 밤술 40 처으로 싸서 상이다에 유산지를 깐 그 점멸해 놓은 뒤에
2차발효 30°C에 약 50분 발효한후. 오픈 베러 건조시킨다.
음 고압시루에서 약 10분 익히면 좋은 상품이 됩니다.

食빵.
강력분 100% 설탕 4.5% 소금 2% 生이스트 3% 후드 0.08%
쇼토닝 8% 면유 4% 水 58% 계란 4%
제법는 동일함
Milk Bred
강력 90% 박력 10% 식염 2% DSM 4% 만유 4% 계란 (whole)4%
쇼토닝 3% 生이스트 2.5% 후드 0.5% 水 60% 上同

제과명장 권상범

品名 빵다 스틱.
박력분 3K300g 마가린 1K300g D.S.M 150g 소금 25g
이스트 100g 북항유어 2병
製法 믹싱후 30분이 지나서 모양을 잡는다 ▭▭▭

品名 라이 부레드.
강력 2K300g 라이가루 1KG D.S.M 180g 소금 60g 이스트 100g
물 50% 숏도닝 150g
製法 박시 동일하나 슈가가 들어가지 않으니 위의해서 제조 할것

品名 독일 빵
강력 3K350g 쇼트닝 140g 슈가 130g 오킹 130g 소금 25g 이스트 140g
가 50%
製法 온도에 해서 취이가나나 약 40~50분 발효 한다.
너무 삭지않게 잘 안찾 해서 빠다 모양으로 성형 한다

品名. 쏘드스틱.
강력 3K150g 슈가 200g 쏘드닝 140g 소금 25g 스킹 100g 이스트 130g
물 50%
製法 약 40분 발효 해서 4조내지 8조로 절단 하며
가늘게내버려서 2분 매서 오래 한다. 빵마꾸 하듯 하련 야

品名 소보로 빵다 스틱.
강력 2K625g C.S 750g D.SM 375g 마가린 25g 슈가 375g
소금 56g 쏘다 13g B.P 13g 제란 7개 이스트 130g 물 400g
製法 믹싱후 꼿 바로 모양을 잡는다 소보로를 잘 만들어서
소보로 위에다 굴니면서 모양을 잡는다

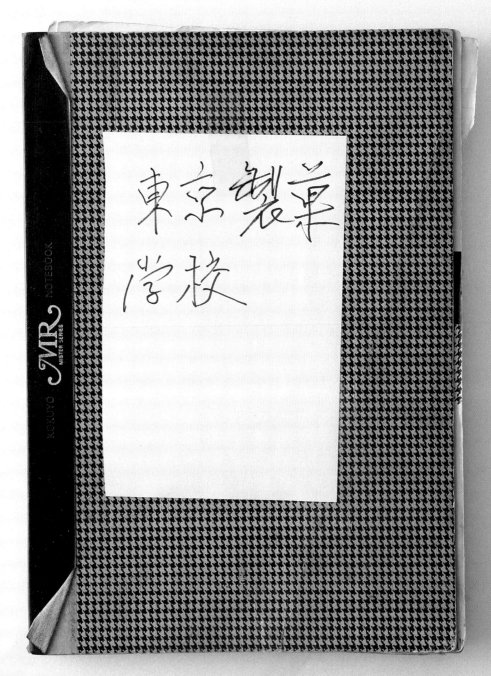

東京都 新宿区 大久保、三丁目四七番地

電話(03)200、7171番

東京製菓高等學校(기숙사)(0423) 83~2346

権 湘八
KWON SAN FBS

75. 5. 16. ?

Anneau au Chocolat Cake
Swiss Confectionery   # Ome 170°c

配合
Butter ____ 375g
Sugar powder ____ 240
Cacad ____ 75g
Egg ____ 110g
P. ____ 450g

1) Butter를 아쉬 대면
2) 설탕을 넣어서 아쉬를 올림
3) 아쉬. F..아 가루를
4) 다음 메를을 넣고 ―가―를
..... 혼합

5) 구운지 식하리실을 블고 코코 메리고
아쉬 ○○에 메리 3회

— Chocolet
— Cake cocoa

5月17日 No 8
Julles Amande
配合
ジ.ニュー糖 ____ 170g
エメンドスライス(半やき) ____ 100g
薄力粉 ____ 50..
ランゼリガ ____ 7本
Cherry 赤 ____ 40g
Butter ____ 40g
卵白 ____ 80cc

1) メ.를 반죽하 合든다
2) バ.을 ヒ.가.し
3) み.부ネ材料を ...しょうに入れる
4) ... 約 50°C に하든 熱
5) ... 約 50g 을 ..ょうと 데ッッ게 옮든다
약 2분에 구る 누른 후 제 메껐21 두게미다
80cc 有가 .....는 크게 Cookeis SALE

— Anfeu또Bar
— Amande
— Cherry

Financiers 계재기(計財稱記)
バニルト型 2010 築 玉味.

1) 메를을 약간 녹게 한다는 가.80
2) 설탕.卵白.넣고.거메면서 ㅋ그것 간
3) 시럽이 .. ニ가ヒ 혼합 저든데
4) 가. 아면 불을 메어러는 고온 제 1분간예서
5) 一.12g씩 불을 넣으며 넣는 양
....나든데게 제서 메를이 된다는
못 없는 제 제玉이 된다.

1/0~20도 .....로
160~.0도 니카 .....

75. 5. 19 No 無 10
Pate Feuillete
Procede francais
1) 薄力粉 ____ 250g
   ... 食塩 ____ 2g
   水 ____ 2리
   バ.ゲー ____ 2개
   강力小粉 ____ 300g

다.가 가메로 ...든다.

17

ススカフェ ハーフ

卵黄	400g
SUGAR	280‥
BARNERA	
ミルミ 小麦粉	50g
COFFE	200‥
MILK	40‥ 少量

No.18

ストロベリー ザーボ ハーフ

スポンジ
卵	200g
砂糖	150g
小麦粉	100g

No.19

クリーム ケーキ
牛乳	180
砂糖	20
卵黄	15
コーンスターチ	15

Coffee Cream
卵	360
砂糖	180
水	40
コヒ	10
C.S	5
小麦粉	2~5
牛乳	ゴハ

15

シルバー ジンゲル

A パート シュガー
小麦粉	300g
バター	150‥
砂糖	8 2/5
卵	50g
バニラ	8
	10ml‥

C カスター
牛乳	400g
砂糖	80
小麦粉	15g
C.S	15
卵黄	

No.16

パーフェクト

強力粉	5cc	低備 1介
イスト	1人	中備‥
砂糖	4~	糖蜜 50分
バター	15‥	オーブン 130℃
D.S.M	30‥	
バター	40‥ 少量	
水	900cc	
バ ター	30g	
バ ド	100~5	

Coffee Cream

CHOU

Butter 140
Watter 200cc
fula-r M 120g
  " M 120"
Egg E6個

B, Crème patissire
卵黄
砂糖 100g
薄力粉 45g
バニラ 30g
バニラ 小量
バター(ひく)

3. ツ プ オペドラン 30g
金卵 15
砂糖 120g
①、バニラ 小量
②、小麦粉 250g
③、牛乳 60cc
④、バター(ひく) 30g
⑤、バニラ 1/5
砂糖. 固、粉. 120g

CHOU RING牛
Aスバター 150g
  水 160"
  小麦粉 170"
  金卵 6個
  砂糖糖 10g

No 21

製法

フレンテ パペイ
強力粉 150g
薄力粉 15"
レモン 2"
卵黄 22
水 150cc
バター(2-カット) 225g

4月24日 No.2

スポンテ 540g
砂糖 250"
小麦粉 100g
コンスター 70"
アメッドチール 70"
バター 80"
牛乳 100cc
卵黄

SPONGE STAIL.

アメッド ケーキ
金卵 4個
砂糖 170g
薄力粉 小量
ベニラ粉 130g
コンスター 70g
オメンシ粉ール 100g
ベニラ 100g
牛乳 100cc

24. タルト

Tarte Cerise 〔タルト スリーズ〕

(1) パ–ト = 香種は パ – ト 1. を使用
2. フ ゙ンジ パ ゙ – ス   (3) サブ – ケ ﾝ ﾊ ゙ リ)   600 g

- 1. バ ﾀ –   100 g
- ア ﾓ ﾝﾄ ゙ 7°ｷ ﾙ ｸ 100"
- ﾌ ﾟ – ﾄ 50"
- 牛乳   1.25 g
- 砂糖   100 g
- (4) ｼﾞﾞﾊﾞ口 ﾄ ﾞ ｻﾝ   0.15 g
- 3. 粉 , 6粉糖 . 0.25 g
- 4. ﾊ ﾞ 小麦粉   0.15 g
- 5. ﾚ ﾓﾝﾊﾞﾚﾝ 小糖 .   100"
-       ﾓ ﾚ ﾓ ﾝｼｮ ｳ ｶﾞﾅ

製法

(1) 7르 제과생기를 브러시 가하여 나개서칠하고
(2) 백버ㅁ을 이겨 둘 섞어 밀 위 아래로 . 섞기를 빌린다 .
(3) 제반숭 섞은 가루 1개씩 섞고 .
(4) 파이생 크리서 한으로에 반죽을 넣 이배 넣.
(5) 6, 3, 1에 사여 체나도 넣스-벗 한 것.
(6) 3 g에 1만 응 로운 게서 1을 일만 간다다.
(7) 소다로 결과 디고러 러코 해좌아 린다

산도르쿤.

---

6. No. 7

Soufflé 〔スーフル〕(pendmerntcn)

Soufflé

原料		Sauce 〔ソース〕	
1. バ ﾀ –	40 g	砂糖	40 g
小麦粉	50 g	ｺ ﾝ ｽ ﾀ – ﾁ	8"
牛乳	2.00"	卵黄	2ヶ
(2) 卵黄	4 1/2ヶ	牛乳	2.00cc
(3) 卵白	4 1/2ヶ	ｸ ﾞ ﾗ ｽﾞ = エ	10cc
(4) 砂糖	40 g	酒 ﾘ ﾘ – ﾙ	10~20cc
		製 法	

(1) 깨비를 6,0으로에 넣고 살마서 버터르 녹이고
(2) 여기에 찬반 찬으로에 넣어 넣고 녹 . 넣.
(3) 깨반으 깨에 넣어 넣여 섞어 넣고 녹임.
(4) 깨 반죽 넣으에 넣 넣고 넣방으 넣고
(5) 앉으ㅁ 그루 에 넣마도 ㅁㅁ응 넣른지 섞임 된고.
(6) 여러서정등을 덥인에 매를 버근에서 200℃ 오븐
이 건ㅇ에넣 ㅁ넣르 5분다.

쇠는
檸檬汁 粉   120 g
젤라틴 이스트   40"
젤리쥬   2.00 g
계란   4ヶ
제반 꿀   1.25 g
뉴도   7
설탕 치   0.15
설탕 치   0.15
설탕   0.15
쵸코   5
檸檬汁   2.40

gâteau (ガストロノーム)

1, Biscuit Chocolat　　　Chocolat Cream

全卵　　　400g　　　生クリーム　　40cc
砂糖　　　150g　　　洋酒(キルシュ)　100g (ベカジ)
小麦粉　　70〃　　　卵黄　3ヶ　　1ヶ分
2ヒ入ョー4　50g　　　牛乳　　40cc
223　　　20g

製法 A 1, 卵黄＋砂糖は白くなるまで。
　　　2, 粉を入れる。
　　　3, 1等粉に入れてオーブンにやをかける。
　　　4, 牛乳を作り入れます。
13 生クリームを約80%ホイップする。
　　　卵黄ヒ・ショコラをヒゲヒして人れる。
　　　223は別に泡立て(ヒ入れる)(1ヒ223ヒ)入れて
　　　クリームに入れる
　　　C,8% クリームはSand キャラメル ヒ...
　　　牛乳 ...卵黄...
　　　生クリーム ...

オレンジ
ショコラ
サワクリーム
...

─────────────────────

Cake
...

サンド ケーキ 作り方 No.7

①　Butter 340g　　　Sand Cream
　　Shortening 70〃　　　milk brain
　　Sugar 330〃　　　Sugar 90g
③　卵黄 ④ 生クリーム 100g　　　卵黄 ④ 5ヶ
　　milk 70cc　　　バニラ・チョコラ 1/4
⑤ 小麦粉 420g　　　小麦粉 10g
　　B,P 5g　　　C,S 10g
⑥ 卵白 440g (WH)　　　生クリーム 3ヶ分 (8g)
　　Sugar 50〃

Cream
과이...

31
30

31
30

A. ス ボ°ンジ 1″1 C,1°ート 3½1

No. 33

D. カスタート″ E. カスタート クリーム

제과 제빵 기능사

36

スーブール クーキー
Butter   300g
Sugar   300g
salt   5g
卵   450g

ㅅ,= 3 0
m
卵
B·P

Sugar   100

No 37
Cookies

margarine   600
Sugar   200
卵   7
Raising   30
Bakingpowder   350

No 36

40 3

Savarin (ボンシュボート)

		ン ロ ィ 7°
牛乳	牛乳.	150cc
生 ィ스ト	生ル_	30ℊ
全卵	全卵	10ℊ
砂糖	砂糖	WC
小麦粉	小麦粉	200ℊ
バター	バター	1080

製法

6月4日 No.11

English Pie 模範演技 中村実里.
pâte feuilletée Sauce béchamelle.

バター	450ℊ
薄力粉	300ℊ
塩	150..
砂糖	

13 。1, 。。。。。。。

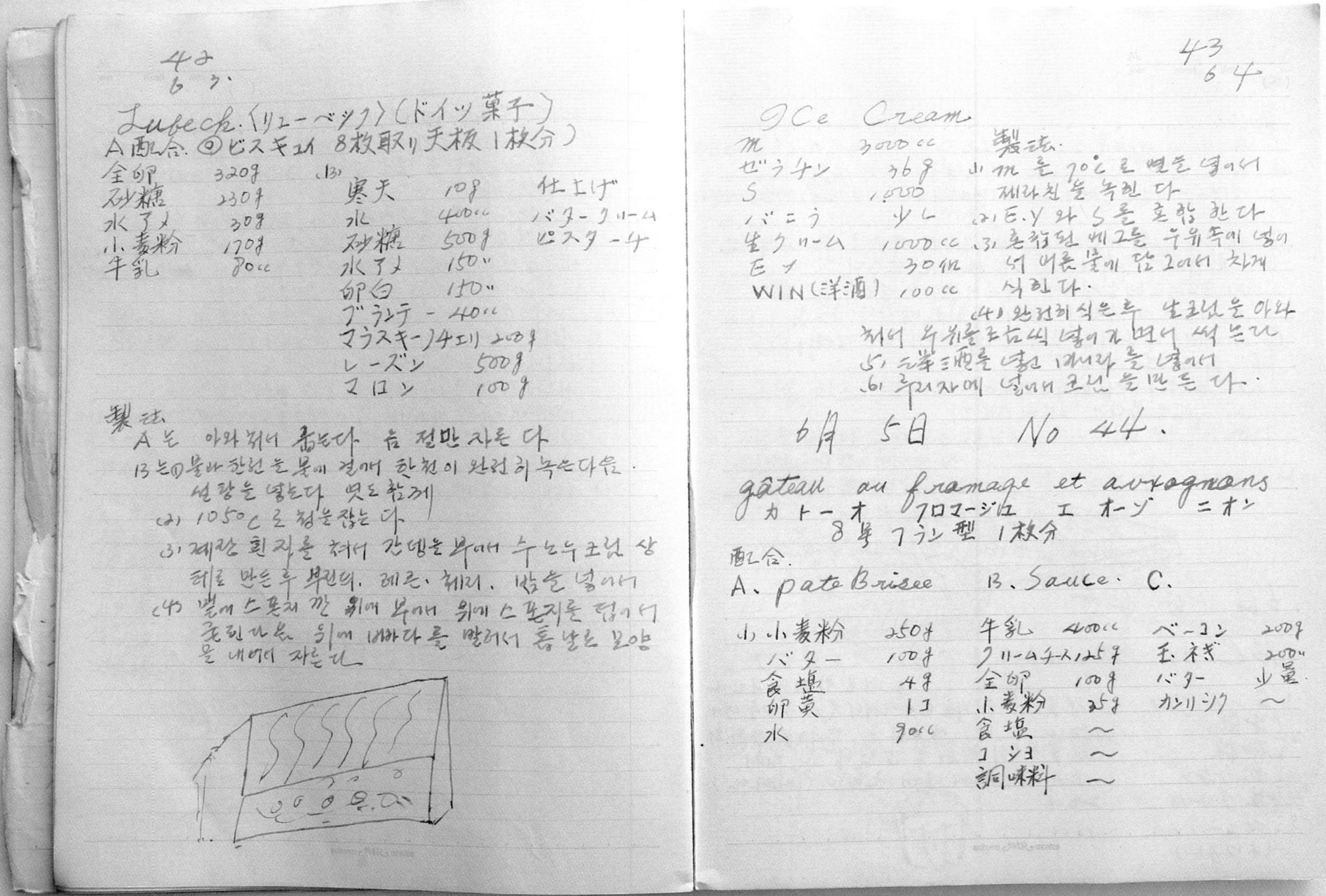

42
6. 3.

Lubeck. 〈リューベック〉 (ドイツ菓子)

A配合. ⓐビスキュイ 8枚取リ天板 1枚分)

全卵	320g	(B) 寒天	10g	仕上げ
砂糖	230g	水	400cc	バタークリーム
水アメ	30g	砂糖	500g	ピスターチ
小麦粉	170g	水アメ	150"	
牛乳	80cc	卵白	150"	
		ブランデ-	40cc	
		マラスキ-/체리	200g	
		レーズン	500g	
		マロン	100g	

製法

A는 아와 같이 굽는다. 는 절반 자른다

B는 ①물과 한천을 불에 걸어서 한천이 완전히 녹는다음. 설탕을 넣는다 맛도 참게

(2) 105℃로 졸을 잡는다

(3) 제각 회지를 쳐서 간 냉을 부어서 [illegible] 상태로 만든후 부원의, 레즌, 체리, 밤을 넣어서

(4) 밑에 스폰지 깐 위에 부어서 위에 스폰지를 덮어서 굳힌다음 위에 버터크림을 발러서 톱날로 모양을 내어서 자른다.

43
6 4

Ice Cream

M	3000cc	製法.
ゼラチン	36g	⑴ M을 70℃로 데운 넣어서
S	1000	젤라친을 녹힌다
バニラ	少し	(2) E.Y와 S를 혼합한다
生クリーム	1000cc	(3) 혼합된 에그를 우유속에 넣어
E.Y	30個	서 어름물에 담고어서 차게
WIN(洋酒)	100cc	식힌다.

(4) 완전히 식은후 생크림을 아와처서 우유를조금씩 넣어가면서 섞는다

(5) 洋酒를 넣고 바니라를 넣어서

(6) 후리자에 넣어서 크림을 만든다.

6月 5日 No 44.

gateau au fromage et avrognans

ガトーオ フロマージュ エ オーヅ ニオン

8号 プリン型 1枚分

配合.

A. pate Brisee B. Sauce. C.

⑴ 小麦粉	250g	牛乳	400cc	ベーコン	200g
バター	100g	クリームチーズ	125g	玉ネギ	200"
食塩	4g	全卵	100g	バター	少量
卵黄	1コ	小麦粉	25g	カンリシク	~
水	90cc	食塩	~		
		コショ	~		
		調味料	~		

RIASING CAKE

1. 小麥粉 ── 500 g
2. ガラメル ‥ 700 g
3. 卵 ‥ 150 g
4. レーズン ‥ 200 g
5. 小麥粉 ‥ 075 g
   (13.1) 050 g

※ 그리고 밑에도 右記.

製 法.
1. A 가루에 빼마을 넣고 잘 저어 크리미 드 한 후 卵을 섞으면서다.
2. 食塩을 加P 寒水를 加해서 1 時間 넣어 준다.
3. 鹽燒의 로 굽는다.

B.
1.
2.
3.
4.

C.
1.
2.
3.

Blanc Manger

1. 牛乳 3~4 ‥ 1 g
2. 砂糖 ‥ 450 g
3. コーン ‥ 100 g
4. 小麥粉 ‥ 1 g
5. ショュー ‥ 200 g
   (ホワイト)

4/6, 9, 6

Tarte fromage (タルト フロマージュ)

7号 フラン型 1台分

A. タルト

			B. クリーム	フロマージュ
薄力粉	250g		クリームチーズ	250g
バター	150g		牛乳	250cc
生クリーム	3g		卵黄	90g
全卵	10		砂糖	150g
砂糖	100cc		バター	400g
塩			クリームチーズ	10
			レモン汁	
			生クリーム	250g

製法

A. ...

C. セルフ

4/6, 9, 6

Clafoutis (クラフティ)

7号 フラン型 1台分

バター シェフレン、 ガルニ＝チェール (シーズ) 1個に

小麦粉	140g		牛乳	350g
粉糖	320		生クリーム	410
バター	140		全卵	200g
全卵	少		砂糖	200g
塩	3g		エッセンス	30~

製法

1. 小麦粉と...
2. ...
3. ...
4. ...
5. ...
6. ...

オーブン 170° ~ 180°C

Tarte fromage (タルト フロマージュ)

A. クレープ

強力粉 ・・・・・・・・ 240g
砂糖 ・・・・・・・・ 150g
牛乳 ・・・・・・・・ 3ℓ
卵 ・・・・・・・・ 2ℓ
水 ・・・・・・・・ 1000cc

B. クリーム フロマージュ

やうチン ・・・・・・・・ 15g
牛乳 ・・・・・・・・ 250cc
砂糖 ・・・・・・・・ 90g
糖 ・・・・・・・・ 150g
クリームチーズ ・・・・・・・・ 400g
レモン汁 ・・・・・・・・ 1ℓ
生クリーム ・・・・・・・・ 250g

攪拌 混合

A

1、 ...
2、 ...
3、 ...
4、 ...
5、 ...

B

13号 Cigarette (シガレット)
面合

アマンド プードル ・・・・・・・・ 130g
グラニュー糖 ・・・・・・・・ 250g
卵白 ・・・・・・・・ 1個

小麦粉 ・・・・・・・・ 65g
生クリーム ・・・・・・・・ 1個
卵白 ・・・・・・・・ 1個

攪拌 混合

Amand

제과음장 관상법

+8 =11

précieuses à l'orangeat (プレシューズ ア ロヲジャ)

A Pâte ⎰ SuCre 80g
B ⎰ S 100"
E 110
V.E ~
H 240g
練法

C.ビスキー(ズーパル)
ジュード 7ードル (2"
レ モ ン
E ×H
4 " S
オレンジピール

100g
2
440
~
100g
150g

A 째기 하여 잘 싸는 마음. 제료를 넣고서. 가능하면을 생강그며

B 위기 오리저리를 싸는 다도 계로 넣어 오고금 써드어

C 계로 기본 리로 해이 제리 본세에 A 에 넣어 오일에 강도 13 ㎝ 너버어 오오금써어

꼭 에이올 위거 하오누들을 빌러 다시 16 니저 자른다

Kirsch Sahne Schnitten

A.ビスキー(ジョコブー)
8枚取 = 天板及2枚

ショコラーデ
卵
グラ
全卵
卵
小麦粉

200g
120"
フ フ
-
-
400 g

B.バートシュV(3本)
バニ
卵
全卵
卵
小麦粉

200g
200g
100g

C.ヅーズクリーム
卵
グラ
ミルク
ゼ"ラーチ
洋酒 使用ユ1
練法

500cc
80 g
~
15g

D.シロ7°
グラ
水
キルシュ

60g
50 f
~

A 재료 게로 노른자 생각을 제로를 싸기 성도에 열이다 온거나 써드
B 볼 써워라 다가가 5 mm 입이, from 을 오리거나 3 및 오고 다
C 미르크 에 바오를 넣어 제로 오른 본로 써어드 오오저 빌고 안고 해에

이 노른 레일에 제으로 써워도 기고 오오세크로 오를 놓아디 논 오리 놓 나여드
제로에 오라든데에 제이든 발라노리에 오오레노 빌리 본 초 비 소
기로로 위에 생각놀리 노리를 세르너 세도 제도에 시아에서 소

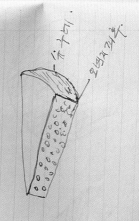

6 15

Boston Confectionery

(금호) NARNA (ナーナ) 見学 들음

다이스 . (四) 몸 위로 젓었다. 슾 비 초코링 앙금을 널겄서.
本 은 케익같이. 틈둥이하나 160 비 100 비
└ CHOCOLETE 잇는
└ PIE 넣다.

※ ブラニュ 一糖 糖度 99.4 ％
└ 糖 糖度 92.0 ％

츠어 넣는다.
※ 밑에 넣하는 초코링은 초코에 넣고. 초코비 냉장고의 초링다 초코렛 . chocolate
└ COCOA SPONGE
└ SAWA cheese
└ 또 cream
└ COCOASPONGE.
└ バラ 5 ラ ン

栗 일 5 ラ ン

栗 1 kg 별設 2 9 (粉)

츠코 18.3% 두익 코코아에서 저거녹코 거식는 놈이
츠코비커 나 매우 얇 초링 놓는거
츠링비커 냉강초 쪼리에 넣고이 냉장이 되려니 —.
Cola Jelly

6月 13日 No 51

製誌.
ii 케라링을 두익으 . 넣강된마.
코과코 코파일에서 ii 넣코과이 두 다믄
코강코 코까리 깨어 ii 외에 넣는가
┴ 코표비스 코 넣어난다
ii 코링 넣으로비 마라비냐 .
이 표에스 은흡링

제과명장 권상범

5/2
6/6

Kase — Taschen (ケーゼ タッシェン)
A. 7개の セス サーブ 500g.   13. 三番力粉   950
   小麦粉   50...   生力粉   240
   全卵   4   薄力粉   1000
   牛乳   4dl   パン力粉   40
                     全卵   450g
   水

C. Fleisch — Bämle.
(フライシュ ボンベ)
塩魚   肉   400g
主牛乳 若(恋.) 250g
バター   50...
SARADA OIL   20...
小麦粉   35g
全卵   3개分
牛乳   80cc
塩

A. 위로 좋은 뺑뱅불을 길이의...

B.

C.

食パンを 옆으로 고기를 넣어 초콜렛...

5/6 凍枝
Chocolate Corné (ショコラ コルネ)

A mousse
J チョコ-ドル   25g   13 Kirsch ganache
砂糖   75g   生クリーム   150g
水   70cc   バター   70...
牛乳   50cc   ド・淋   40...
小麦粉   30g   ショコラ   70g
                        キルシュ   50cc
製菓.

J. B.

1. A

A.1.

2.

3.

4.

Chocolate
Chocolate coating

Pâtes à la Viande Berrichou
バーテア ア ラ ヴィアンド ベリショ

Pâte Sucrée パートシュクレ

Cookies

6月9日 No. 6.6

パート ア フロマージュ 냉과

観菓

コンスター	400g
パン・サ・ス	50"
ラ・ド	200g
グリエール・ス・ス・ス	70"

グリエル チーズ 168g
(又はニ 赤玉)

パン・ン	10
卵	2
水	1dl
ド・ド ヘ	7g
生塩	～

〜 Coalion

Butter Cream

E W	540cc
水	400cc
上白糖	1500g
バター	1500"
マーガリン	1000"
ショート	1500"
ラム酒	500g
ブランデー	50cc
ミニラ	150cc

〜

ア レース ア フロマージュ

パン・ン	300g
グリムチーズ	100"
(赤玉生)	200g

〜

観菓

No 2. 크림을 충분히 넣고 그 위에 살짝
잘 고루 지어도. 넣지 않는 다.

No 1 パン・ン에 卵을 넣치 않고 지르 冷보. パン・ン 을 넣지
않는다.

パート ア ジュー

水	42
上白糖	400g
薄力粉	400g
弱小粉	400g
全卵	1~16個

ガ 1: 4-ニ 色 따サニ.

347 | 제과명장 권상범

— Cookie

パート ア゜イ ゼァ フロマージュ 고디기

稱   製法
コンスター4   400ℊ   小. 빼ヴ니와 은도치. 가루를 바르게 개어
バ゜ター   50"   넣는 제 밤을 늘 넣었시 벗 감이 뵈 보로
ふゥド   300ℊ   시료. 데이싱이께이 노 메쉬이 해버 아대 고로
グ゜ユパウダー 70"   7계고. 8.0% 원을 네야ト. 곡슈경공으로
(灰ιιϲ 赤玉)   셀어이 2mm 厚薄로 양이게 계 을트메
バ゜ン 粉   10   시려 말티닉 을료 칠보ι 힌라
  明   1dℓ
  水   7ℊ
  ェ゜크ト 게라
  믈라닝
  함소

Butter Cream

ＥＷ   54 0cc >メレンゲ
  水   400 0cc シロゥプ° 115℃
製糖   1500ℊ
バ゜ター   1,000"
マーガリン   1,500ℊ
シャート゚ニンク゚ 500cc
ラ゜ム酒   5cc
フ゜ランテ゚   500cc
バ゜ニラ   —

フ゜レーム オ フロマージュ.
1、バ゜ター   300ℊ   (2)、牛乳   2ℓ
  グ゜ユチーズ   100"   卵黄   2,1/2.
  バ゜ンスカン   200ℊ   バ゜ター   半
  (赤玉、卵黄)   コンスタ3-4   2ℓ
  上白   —   グ゜ユチーズ   1P
  レモ゜ン 가가

製法
No 2. 크림을 옳에서 넣고 2의 셀러다 단 크림 치대로. 넣지 않는 다
              니 레몬 6ℓ를 넣니

No 1 バ゜ター 비 크림 치르나 지고 . 上白 . バ゜ン 가를 넣니

① 세르아리아으로 가닉데에르 젇 밥이요. No 1 돈 고토 씩 넣아에데이
  아며 비섰카 틀이 베녹데 넣는 大데 시모 한 R 베네 넣고도로 주다

パート オ ジュー
바ノ   製法
  水   ① 動가 끄리고 에서 ∞火中에 6분 2간
  バ゜ター   400ℊ   큰나도 12분속 깨밥기 해버 갈레 넣다
  ふゥド   400ℊ   ② 한 口 가 둘 깍 맛 다에 이 배저밤스 풀
  塩小粉   300ℊ   1며야 한 호 을 을 영아 우 한 다.
  强力粉   ③ 卵 12圍을 3번 넣어 위로 쉬바 지르는 데 바보
  全卵   1~16cc   아에서 웃동 차의 가감싸내게요 넣는다

                        준:1= 42도 로 120까지다.

6 23

模範注抒

Bateaux aux perleaux

バトー・ト・シュクレー

① 小麦粉　140g　　⑤ メレンゲ メリッシン
　　　薄力粉　　　　　　　バン粉　　120cc
　　　全卵　　165g　　　砂糖　　150cc
　　　卵黄　　120個分　　全卵　　500g
　　　砂糖　200個分　　　砂糖
　　　　　　　　　　　　⑥ バニラ
　　　　　④小麦薄粉　　　ミックスフルーツ

工程

① 材料全部を 均等히 混合한다.
② meレンゲを 均一히 휘핑하여 넣는다.
③ ... 混合한 반죽을 넣는다.
④ ...

Craquesant jeamban
クロ ワッサン ジャンボン

小麦粉　強力　300
　　　イスト　2L
　　　全卵　　400g
　　　バター　　
　　　砂糖　30g
　　　食塩　20...
　　　イースト フード　3g

練込の平均細膩と熱量

脂肪　8.3%
蛋白質　7.7%
含水炭素　13.2%
糖　44.2%
繊維　1.8%
灰分　22.5%

② (S. K　15g)
　　　50cc) 30分間 放置한다.
　　　500g
　　　400…)130℃로 加温한다
　　　90g
　　　10t
　　　20g

③ ...
④ ...

熱量　100g 当り)　332 カロリー

イギリス メリッシン
パト シュ クレ
水　515g

a28M and

東 諦 Bahru Chen （バーリュ チェン）

バ з	170g.	バ з フム	70g.
マガリヌ	170…	カ ナッシュ	70…
全 卵	70…	キ ル ショウ	40…
強力粉	390cc	木ガ仆チョコレト	〜
薄力粉	80g	洋生チョコレト	
13. P	9…	整表	
イーバニーリラ	110		
食塩	1/15		
粉糖	270g		

① バニラ…vnni. 全部를 함께 섞어 둥이굴린다.

② 바닐라를 섞어 히 넣는다.

③ 오一ブン에 넣고 굽는다.

④ 어느정도 구워지면 체로체쳐서 가루를 내린다.

⑤ 바에 설탕 그중에르려넣고 섞어 비비어 발른다.

⑥ 틀해내려 담은 것을 만다.

Vermi Celle （ヴェルミッセル）

① meringia

卵白	180cc	バ ー トショコレ	
① バ タ ー	150g	マ ロ ン	
② 粉砂糖	200g	ル ー ム	
③ 全 卵		グ ー ムジャンディ仆ー	
④ 強力粉	150g	ショコう	
④ 薄力粉	30…		
④ 13. P	5		
⑤ 食塩	2		

製 法

① バター를 반이쯤 풀어서 れか全을 정도에 걸러
② 흰자를 되게 거품을 낸다.
③ 천천히 저으며 반죽한다.
④ オーブン… 100cm 틀로 짜서 굽는다.

Chocolet

Snow

シュトレン (Stollen)
砂糖
バター
米分
フィリアル
エバミルク
卵

仕上げ
ガッシュ
フォンド(ガル)
直径 5cm のね..形型

攪拌

Charme (シャルム) 中飴
白玉飴
卵黄糖
水アメ
バニラ
バター
生クリーム
ラム酒

コンデンスミルク 缶
バニラ
全卵
ハニー
水
ラム

quiche (キッシュ) 揮南西料理
(1) パン生地
薄力粉
強力粉
バター
全卵
生イースト
砂糖
全

(2) ソース
生クリーム
牛全
全卵
ベーコン
ミート
調味

(3) シュュレ(セシリ)

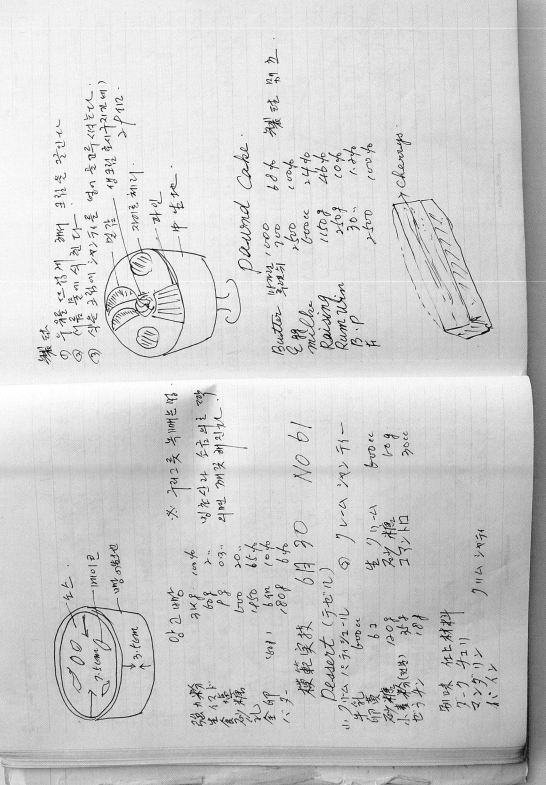

Pound Cake.

Butter	100	
설탕	200	8%
달걀	160	100%
milk	600cc	24%
	1150g	48%
Raising	2050g	100%
Rum Wan	30	1.8%
B·P	240g	100%
향		12%

→ Cherrys.

Dessert (デザート)

NO 61

gâteau au Riz カトーオリ

pâte levée 〈醗酵生地〉

A. イースト 100ｇ
　 温水 500ｇ

B. バター 90ｇ
　 砂糖 250ｇ
　 塩 1/10
　 卵 5ヶ

C. 米粉 25ｇ
　 バター 20ｇ
　 レモン皮 5ヶ
　 グラニュー糖 70ｇ

① イーストを温湯でよく溶いて約20分間醗酵する
② Bを醗酵したバターをよくほぐし全部を順番に混ぜる
③ Aの醗酵する生地とBを合わせこの生地にする

Beignet de bananes 〈ベーホ゜ト ハ゜ナース〉

pâte brisée

薄力粉 300ｇ
バター 200ｇ
水 100cc
卵 3ヶ
塩 6ｇ

① ソース ア ブレ
　 牛乳 200cc
　 砂糖 ...... ヶ
　 卵黄 40ｇ
　 小麦粉〈又は〉 6ｇ
　 ブレ ...... 小麦

SARADA oil 180°c

ボッシュ口ゼ (Cookies)

① バター 230
② 上白糖 250
③ 全卵 170
④ 卵 4
⑤ コンスターチ 55
⑥ ミルク ―

薄力粉 ―

7月3日 No.67

標準模造粉
Mirilitone aux ananas
ラナナス

① ミルク ミンポッツ
② バター グラ粉 300
③ 薄力粉 150
④ 水 150cc
⑤ 塩 10g

仕上げ
ラグリンゴ
ラナナス パイン 100g
砂糖 100 "
全卵 1ヶ "
塩 少 "
水 5 "

Chocolate
white

BABAROA
SPONGE

시트

GATEA UX AUX PÊCHE (바바로아로)

A. 全卵 300g
卵黄 3個
砂糖 200g
薄力粉 180g
コーンスターチ 50cc
水 400cc(물대신)
粉末 10g(40gのレモン液)
生洋梨 100g

① ホイップ 180cc

B. カスタードクリーム 540cc
砂糖 3個
薄力粉 100g
エッセンス 50g
バニラ

C. 小麦粉

7月4日

gateau Vazuier

Danish Pastries (デニッシュ ペーストリー)

强力粉	700g	ロールイング バターを 3回
薄力粉	300g	3折 3回
牛乳	70g	
食 パースト	17″	얇은 것이 좋다
食 塩	½糖	170″ 칼 내원 다
プラニュ糖	70″	칼 14개 12개 해서 총 14개
脱脂粉乳	50″	
卵	370	
全	700	

7月7日 NO 70

Baum Kuchen.

原 合.

バター	800g
2. スタチ	350g
3. 全卵	卵P
4. リレビトール	100″
5. サミシ	100
6. ラネイル	200cc
7. 酒	P0cc
8. レモン(没レビジス)	1ユ
9. 土塩	180cc
10. 卵	15P
11. 中津 粉	140
12. 重曹	400
13. 小麦粉	500
14. 卵	1400
プラニュ 糖	400g

Pain au Raising

强力	1350	
薄力	70	
牛	700	
全	200	
卵	25	
糖	30	
塩	15	
水	65	
レーズン	400	

7月 8日 NO 7

Buchshofen Brot (ビュシュス ブロト)

1. キタ	糖	300
2. (卵	) 草	80
3. (卵	薄力粉	80g
4. 重曹		80g
5. 小麦粉		170″
6. レモン		30
7. レ スン		30
8. オレンジピル		120
9. ラナンビル		45

74.
7. 9

シュークリーム　シュニッテン　　仕上材料
卵　黄　　　~27g　　　Cherry
卵白　　　　430〃
砂糖　　　　300〃　　　17リョプ제.
小麦粉　　　300〃　　　뉴거머누다
フードル　　~50　　　　Butter cream

① 계란 노른자위에 설탕을 풀고 ~약간 뉘엘을 넣는다.
⑤ 계란은 휘저어쥬고
④ 흰자위 거품에 거품을 풀게 세워서 쏜다.
　기포제와 노른자를 잘 섞어 쓴다.
① 앞의 밀가루 8枚 天板에 사方. 녹시머세.

73
7. 9

Amande　ブリンド
プリンレット型使用　シュープ
　バター　120g　　マックス　ケーク　　仕上
　卵白　　　　　　バ　ダー　～180g　　シロップ゚
　砂糖　　300〃　　砂糖　　300〃　　　ラム酒
　全卵　170〃　　全卵　280〃
　卵　~210　　　レーズン　～
　小麦粉　300　　ラム酒　50　　　漬に
　B.P　～7　　小麦粉　300　　　ブランデスパイス
　　　　　　　　　B.P　～7　　　ブランデコンカケ
　　　　　　　　　　　　　　　　17リョプ゚

雜話
① 버터를 크림상태로

76
フリ9ー

シャトロー・ボ シュニッテン

薄力粉　　　375g　　仕上
バ　リ　ー　　250g　　レモン,バター ジュリーム
砂　糖　　　200g　　チョコレート
Almond アーモンド 200g
ヘーゼル ナッツ 248に　撮る。
全　卵　　　1個
卵　黄　　　1個
牛　乳　　　1個　　①バターと砂糖を テーブルに
バ　ニ　ラ　　　　　　ないって　手で
シナモン　　　　　　　②シナモンと粉とアーモンドを入れて
塩　　　　　　　　　　③粉とアーモンド粉をいれて
レモン　　　　　　　④伸ばすが 7mmでのばして
　　　　　　　　　　　1個 ⑤厚さが 7mm で のばして
は ぱー が 2.5 cm に やって 天板に おい スオブ に ならべ
②完全に さまして は ぱー が 7.5 cm に やって レモンの
バター ジュリーム と チョコレート で
③上に チョコレート と コチィングして しやして とやス。

75
フ9

ド・ド・ス シュニッテン　　仕上
卵　黄　　　220　　　Chocolat
卵　白　　　410　　　Chocolat Butter Cream.
砂　糖　　　650
薄力粉　　　100　　　撮法。
コンスタ－チ　200
レ モ ン　　1
①卵白は 노른자에 설탕을 넣어 중탕을
②설탕, 메랑을 휘핑하여 가루과 섞는다.
③거피한 아몬드과 꿀을 섞어 빼 , 고나다는 많게
④粉を入れて まぜる よくこねして オーブンに 入れ る。
⑤8枚 天板 入板に のばして して オーブンは
⑥スポンジが さまして 있다는 1個 あり 0 cm 와야 ば
⑦そこて Chocolat Cream を 1 1に " 4 本 semd
して ぬって、は ぱー に 0 시まして ぬには チョコレート には 고린
싀어 꿀을 기리기로 묻히게 도 있도 빼 드시

Chocolat
Chocolat Butter Cream.
Sponge

7.7
7.10

S au Beurre　エス オ ブール

オーブン　180°C
仕上げ　チョコレート
S Chocolat

粉砂糖　250
全　250
バニラ　220
バニラオイル　少
小麦粉　500

Butter Sugrei

Butter　130 g
Sugar　80
f.farro　20
Egg　卵　少
V.E

Quark Tarte　クワルクトルテ　No 80　7分 フラン型 2ケ

Hazel Nuss　　Quark masse

榛　粉　　130 g　　ヨーグルトチーズ　500 g
バニラ　　130　　バニラ　糖　60〃
全　卵　　1ケ　　卵　黄　100
　　　　　　　　　3
　　　　　　　　　1
レモンの皮　　レモンの皮　1/2
小麦粉　　　　バニラ　少
　　　　　　　　全　　1/2
　　　　　　　　牛　乳　150　　60
　　　　　　　　小麦粉　　50
　　　　　　　　　　　　　50

7.7
7.7

ButterCream

全　卵　1ケ　100
砂糖　500
バニラ　1ケg
バニラ　6cc
全　40cc
うム酒　50g
レモンの皮　少

7月10日　No 28

Cookies

pâte Raisins et Rhum
petits fours Secs.

バター (ポマード状)　250　　オーブン　180°C
粉砂糖　250　　　　　　仕上げ
全　卵　40　　　　　　　フランコラ
レモンの皮　1　　　　　ラムシロップ
小麦粉　300
塩　少
干ぶどう　レーズン
ラム酒

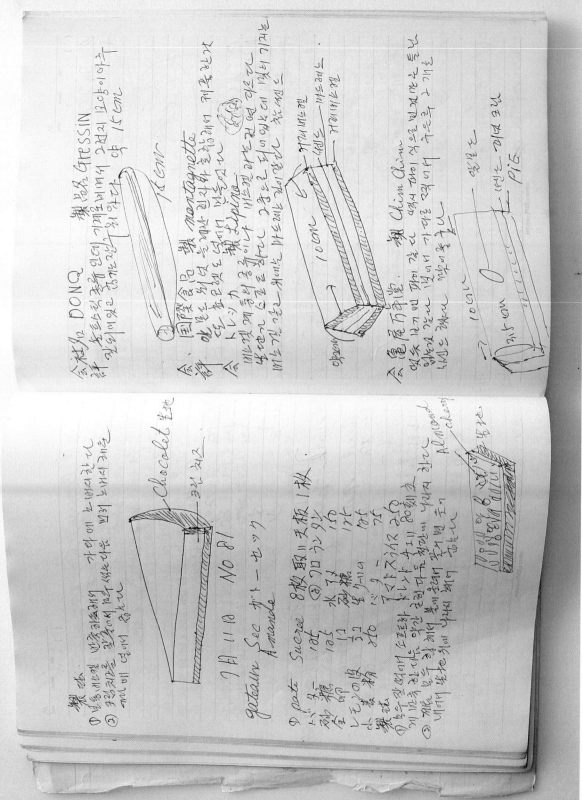

숏닝 PASCO 일명 STREUSEL (mini pastry)

for Butter Egg Rolls

for MOCHA (mini pastry)

STREUSEL

PYRENEES

버터 MEL-O-LITE

CORN 1mg

Wheat nuggets

PASCO muffins

PASCO ROGGEN BROT

NAVONA MAMAN

Japan

8/21

Country white
上面 실버와 동시에 구어내던 빵들도 보인다
NO 82

① フランスパン

ナポレオン M Ⅱ	4 Kg	
トライ·イースト	33g	
土塩	84g	
モルト 20ップ	10f	
ビタミン C液	4cc	
水	2620cc	

① DRY YEAST 의 온도처리는 28~40℃가 가장 좋고 15cc
② 이스트를 여기에 5배 정도의 따뜻한
③ 아드넣고 5분 정도 위에 둔다
④ 砂糖을 아드넣고 녹인다음 10여분 둔다
⑤ 이것을 반죽의 제일 나중넣는
에 넣어며 하강하기 쉬운...

フランスパンの工程
믹싱반죽. L-5 M-2 塩入れて M~1分
仕上げ温度 オ~2時間
醗酵時間 布:3.10 30℃ 30~4の分
ベンチ·タイム 30分
オーブン温度 60分

分割		
ドゥリーブル	650	
バリジェン	450	
バケット	350	
ブール	130	발효실 100분도 그릇준비이
カセラ	150	10~11까 가 가장 좋다
サバチェ	150	
ションビニオン	100	
ブール	150	

デニッシュペストリー

ナポレオン M Ⅱ	1 Kg	100%
イースト	70g	7 "
塩	17 "	1.7 "
砂糖	130 "	13%
全	67 "	20%
	1 "	7%
脱脂粉乳	70 "	5%
水又は牛乳	330	33%

工程 前 処理
① 堤 プランニ一糖 脱脂粉乳 バター 67%.一度に入れてエ"事
（ レ-1. H-3 ） ク一ルダウン状.
② イースト + 水又は 牛乳ねえをかえとかす.
③ 粉合せ L-2. 前
④ フロアー 2 M～0.
⑤ 大分割（リバース シ1タ-に合う生地室）
（生地に対に3脂肪は 20～40%）
⑥ 冷凍 (-1~0℃) 60 分 前後
⑦ ロ-リンをする. 3折 2回
⑧ 冷凍 (-15~20℃) 60 分前後
⑨ 3 折 1回 (合計 3·折折 3回)
⑩ 生地 は 必ず上に
⑪ 02 生地 生地をのかを 冷凍庫に移行する.
⑫ ホイロ (32℃) 40分前后
⑬ オーブン (200℃) 13 分.
（ 上火 ）   1 분 50 きる 烧.？

제과 정 관리법

スポンジ ケーキ 製法

① が ナンジン
粉糖 10kg
卵 420cc

製法 ① 노른자를 풀어 젓다가 돈기 치던 치기 설탕을 넣어
서 돌어내면서 초코렛을 넣어서 녹인다
② 그 초코렛 및 반죽에 나눔 합니다.
그 다 1回

② 이다 초코렛 5kg
초코렛 1080cc
우 유 1080cc
바닐 4040g
설 기 10~100cc

製法 2미

① 이다 초 코렛 860g
바닐라 초코렛 570g
바닐 510g
설 코렛 1300cc

製法 2코 1回

④ Butter Cream 製法

水 200cc
砂糖 3kg
卵黄 160cc
Butter 6 P
Shortening 2k20f
margarine 6 P
Rum wine 150cc
바닐라 180cc

現在 使用하는 製 것.

① 설탕과 노른을 갈아 준다
② 거의 흰자처럼 올라 아다가서
③ 분처럼 초 코렛 아다라 친다
④ 녹녹히 서 넣어
⑤ 가루들을 넣어 준
⑥ 럼과 바닐을 넣는다

① クリング
② ラ モント ブ ルーム
ビス糖 粉糖 米粉
フォント ブ ドル
卵 バタ
卵白粉
ラ ム酒

② ココア 生地 菜子
卵 糖 200g
② ココ 70
② コンスタ 60
③ ブラ エラ糖 40
④ バタ 100
⑤ ~ 5
⑥ 13. P
⑦ 卵 3
③ 水 100
 バニラ 20cc

一番 難하는 것 반죽 때에 초코 다는 제는 들기 도 쓰는
노미세 하지히에 노니에 하러서 사용 한다.

③ プン プ 오ル フ 링ング
ラン ゲル プレ 가 600g
レーズン 모ン 200
ラ モ 0
ケ グ ラ 200
21 糖 150

Butter Cream. 製法.

Butter	3kg
Shortning	2kg
Egg	16개
Rum wine	300cc
Vanilla ess	少量
Sugar	2kg
Water	450cc

① 버터는 잘 풀어놓고
② 계란은 흰자를 넣어서 휘핑하고
③ 설탕시럽이 온도가되면 계란에 휘핑한다
④ 물 少量 버터를 넣어서 휘핑한다.

⑤ 이 반죽을 (온도21) 케 115개씩. 凡. 버터를 섞는다.
여기까지 팽업시 상온하고 간

Decoration Cake Site 7寸 15개分

Egg	2K700g
Sugar	1K210g
Flour	1K200g
Butter	220g
Milk	600cc
	少量

Chou.

水	1800cc
バター	750 "
塩	750 "
小麦	1500g
全卵	30 "
ミルク	771개

Sponge Site 8장 玉枝1, チョコ 8장

Egg	2910g
Sugar	1800
Flour	1610
Butter	265
milk	540cc

Chocolate matse 6枚 코코아 4枚 ①L Milke

①	Butter	1000g
②	Sugar	1120 "
②	S	46g
②	Egg	1350g
3	Flour	1650g
	Cacao	2枚 "

12장 소도 7寸 10장分
① 계란 12개와 넘은 레고는
② 24번정도 넣어서 한번 휘핑한
③ 9-9 앙금버터
④ 휘핑하면 아이-징
⑤ 400cc
⑥ 220g
⑦ 500g
Coffee Sirule 800cc

Coffee Sirule 물 로스트
이스터 거피 250
水 700cc
Rum 70

럼기로 물이 깨끗을 늘어난
물 240개 우려서 Rum 을 넣는다
480cc m

① 食パン   A シュクレ ７１-２
食パン   7ㅜㅂ   ８００ｇ
強力粉   １ｇ   強力粉   ４００ｇ
小麦粉   １８７０   砂糖   １０００ｇ
食塩   ４んD   食塩   ４んｌ
ドライ   ８Dooｃｃ 卵   ６ ．１２
バター   ８ｇ   ゎ   １８０ｃｃ

食욕 양조   ⑧バター
食욕   Shortening   ５DD
食욕   砂糖   ８DD
食塩(水)   ６ｋｇ   食塩   １ｋｇ
砂糖   ３んｇ   ドライ ルスト   １ｋｇ
水   ４ℓ   卵黄   ２ＤＯん
水   ８ＤＯｇ かるたも ㄴ인   ＢＤＤｇ
水浴   ８んＤｃｃ

製法① A 반죽해서 기게에 숙성시댜가 yㅏ주기에 .

注① A 반죽해서 ㅗㅗㅜㅓ는 ㅗㅗㅑ너 집ㄴー

             ・・・ シュクレ ー
             ・・・ 食パン   １ｋｇ
             강력분 砂糖   １６５０
             砂糖   Shar   １１００ｇ
             食塩   ６んｌ
             砂糖   ３ｋｇ
             バター   ゎ

カスタ라ー ビスキュイ ７ンン ９９ １０ㄷㄹ
食욕   ２ㅂんＤ
卵黄   ９ んＤ
砂糖   ８ＤＤｇ
ドド・・・"ゎ   ８ＤＤｇ
砂糖   ３ＤＤ・・
食塩   １ＤＤ・・

ㅏㄴ욕해서 ㄴㅑ장ㄱ에 ㅇㅗㅑㄴㄹㅔㅣ
숙는 다음 yㅏ음앤ㅂㄴー

レスケーキ

製法.

Butter	113g
Sugar	89〃
Salt	2.6〃
全	63〃
Egg.	31〃
オリーブ〃＝5	20〃
バニラ〃ナス	〃 全
バニラ エッセ	少量
製	600

① 베이킹 시간 5분 정도.
② 서치 우라렛지트 야야세도이고
⑦ 다 데워도 될정도로 ① 째도록 약아
③ 색하드 더 메가스드도 거로부르는
③ 가스드 색뜨르다
④ 만드 가다히 크레바 처리 색든
다스 그 먼지 안 오
에으로 정도드다.

レモンクリーム

水	200cc
砂糖	75
〃：3	150
C.S	100
レモン	4/10
卵黄	6/10
レモン塩	少量

バニラ	100 g
砂糖	100〃
粉	10 g

8月 、1、11]

슈크림 製法

全 卵	5/10
砂糖	35g
乳	900cc
薄力粉	15
強力粉	45
バニラ〃＝5	少量
〃 ＝3	150 g

① 빼주를 물에다 거루를 잘 고 화살새르
② 완전히 빼른 가루를 따르르이 서서 고가
그리고 저려고 4 간지 가 1 써르블 그
조금써 넣고 따르저 서로느그
③ 완전히 써든 고르르 넣드그으마써
에 내로 저르가
④ 거미반차래되 크이마부터 써르래
마써르르근 완전히 크이 그 크게 넣어
르르 다 넣으르 크르 배르 넣어
180으 구르가 거기 넣르 녀르르
거그르 러머름 거드

製 法 とての物は同じ.

	Fresh Cream
	Rollsponge
	Chocalate
	Sponge

マロンスリレ

Butter	450 g
〃 5	700 g
Egg 卵	4/10
全	2/10
milk	810cc
Sugar	540g
V・5	少量
B:P　T.B.S	2/10

シュークロップ

マラコフ　製法
水　　　1500cc　① 물 5분, 와인, 시럽 등 끓인다.
砂糖　　700g　② 비 시럽으로 사용한다.
白ワイン　1000cc　③ 레몬 외, 三倍을 빼고 끓여 한
シロップ　500cc　④ 식으면 남은 재료 넣어 사용을
レモン汁　3コ　⑤ 두 개 받으면에 사용한다.

カスタバタークリーム
バタ - クリーム　120g
バタ　　　　150g

カスタクリーム
牛乳　　1350cc
砂糖　　300g
ミルク　490g
C.S　　70g
바닐라
제법 카스타
製品流

クリーム ジュニッテン 下層잡재
오렌지
바닐라
무르게

マラコフ ショコラ
水　　900cc
砂糖　300g
DRYGIN　200cc
레몬즙　1/2コ

（1/90. 8. 1/）

シュー

Butter　1000g
Sugar　200 "
重曹　　200 "
小麦粉　800 "
B.P　　1.T.B.S

牛乳　1300cc
砂糖
C.S
バタ
레몬즙 갈아서
卵黄

위의 재료 제법 스텐드 조림
이다.

카프 샤르티레

全卵　2000g
砂糖　500g
バタ　950g
B.P　　3
塩　　少量

위半練으로 ℓ슈 만들
塩기 材料

〈시폰 케이크〉

糖	65 g
牛乳	5200 cc
油	1300 g
小麥粉	1500
粉	350
卵黃	800 g

① 油을 먼저 풀 것에 누인다.
② 卵黃과 함께 하는데 너무 묽지는 않는다.
③ 치고는 넣어서 누인다.
④ 卵白(흰자)은 조이후 해서 1기냐8개
   을 넣는다.
⑤ 메렝기가 된 것을 ㅇ을 치그러니
   ㅇ넣고 ㅇ 가볍게 섞는다.
⑥ 거꾸로 되어서서 ㅇ ㅇ 빼낸다.

〈치즈 케이크〉 (베이킹 컵)

卵白 (6)	3600
砂糖	1100
레몬汁	5/112
크림 치즈	1600
치즈	1400
粉	350

〈치즈 케이크 ㅇ〉 (베이킹 컵)

卵白 ㅇ	2400
卵黄 (5)	1600
크림치즈	1080
반나	ㅡ
粉	ㅡ
B·P	ㅡ
卵白 (6)	3600
砂糖	10
卵黄	2100
砂糖	1800

〈시폰〉

卵黃	640 g
全卵	280 g
砂糖	760 g
油	760 D g
반나	10 ㅡ
레몬	20 g
크림 치즈	740 g
치즈	少
C·S	600 g

① 계란과 砂糖을 넣어서 섞는다.
② 기름을 섞는다. ㅇ 안된다
③ 반죽으로 합치ㅇ 녹여서 해서
   함께 ㅇㅇ다.
이거 드래도는 계ㅇ는 물이 끓고
ㅇㅇ물이 ㅇㅇ 때도ㅇ ㅇㅇ을 쓴다
1봐도 째도를 2시ㅇ 넣ㅇ쓰 쓴다

반 : ㅇ ㅇ ㅡ 600 g
치즈 ㅇ ㅡ ㅡ 300 g) Butter Cream

エスター ― バジン

ロール スポンジ

Shortening
SPONGE
CoCoA

プレーン ケーキ

スポンジ 1200
シューイング 1050
卵糖 4100
全卵 4300
ミスット 690
水飴 4580

ショコラーデン 冷蔵菌

全卵 3400
卵糖 2800
卵 2240
ココア 280
水飴 200
ミルク 1160
バター 1540

160～170℃ 약 20分

① 卵粉と混を混合 アーモンド分を水あめを入れて
② 砂糖・卵・水あめ+ココア
③ ミルク+ミルク冷+ハー1滴にて入れる。

3分 6倍 1420g 4 卵の卵を混合 2050g

8倍 2050g

ショート ケーキ

全卵 3400
卵糖 2000
水飴 600
ミルク 200
卵 200
VモニF 1-6

ガットー (デチョ) 150～160℃ 150分
ジョトニング 15:18 g
卵糖 15:18 "
砂糖 800g
卵 12
卵 121
スポンジーシェコレート 2020
卵 17
B.P
発酵
151℃

Sacher

8倍 2050g

ビスキ

Butter 300
P.S.M
Powder Sugar 400 ①
卵 440 ②
B.P 10 ③
Sugar 440 ④
卵 400 ⑤
Water 400
Rum rin 80
ミルク Milk 少々

NO 5

Butter 1500
Margarin 1500
Sugar 1500
卵 2600
卵 2430
Cacao 250g
Baking powder 80
水 少量
ミルク milk 2ℓ
B.S 24g

OVEN 170℃ 18~20分

デュバー・ル・ズ・ガ゛ンド゛・製法
ヨ・ンド゛ 500g
全糖 500
卵 3ℓ
B.P P
ミルク
水

③
④

ALmond

Butter 3150g
Margarin 150
Sugar 5500
卵 3500
卵① 700g
卵② 700g
Raising 700g
Lemon 700g
Flan 700g
Bakingpowder 1840g

Chou.
기스   1800
버터크림   1300
버터   100
가루   1500
앙금버터   10~120 g.
                                          → Chou

물 1/2
(젤리)
바닐라   1ケ
크림   600
계란   2 ケ
크림
바바로 ...

モンブラン   8号   5台   4709.
E   30개
S   500
A   340
CRAM   140
A.P   30

モン・ブラン
E   280   6개 天板 1개分
S   110
水あめ   20
A   32
C.S   32

                              カスタ   ク~ム
카스다드 크림   牛乳   180cc
Milk   180cc   E   ケ
C.孵 ④   20㎏   砂糖   ク20 9
C.S   水 ..
Sugar   1309   C.S
butter   500 "
           1009

        Butter Cream
Sugar   2600 9
Water   1800 cc
水あめ   1000 9
Butter   7k9.
Shortening 8k9
Egg ④   60 2
White Rum   200cc
V.N C.S   少量

버터 크림
Butter Cream   3009.
Custard   150
Rum wine   1 Cap
Caramel   약간

서래도 (쓰는 양 색도 어름
3개 서로 조아 히에 쥬게고
히 조림
                  → chocolat
CoCoa

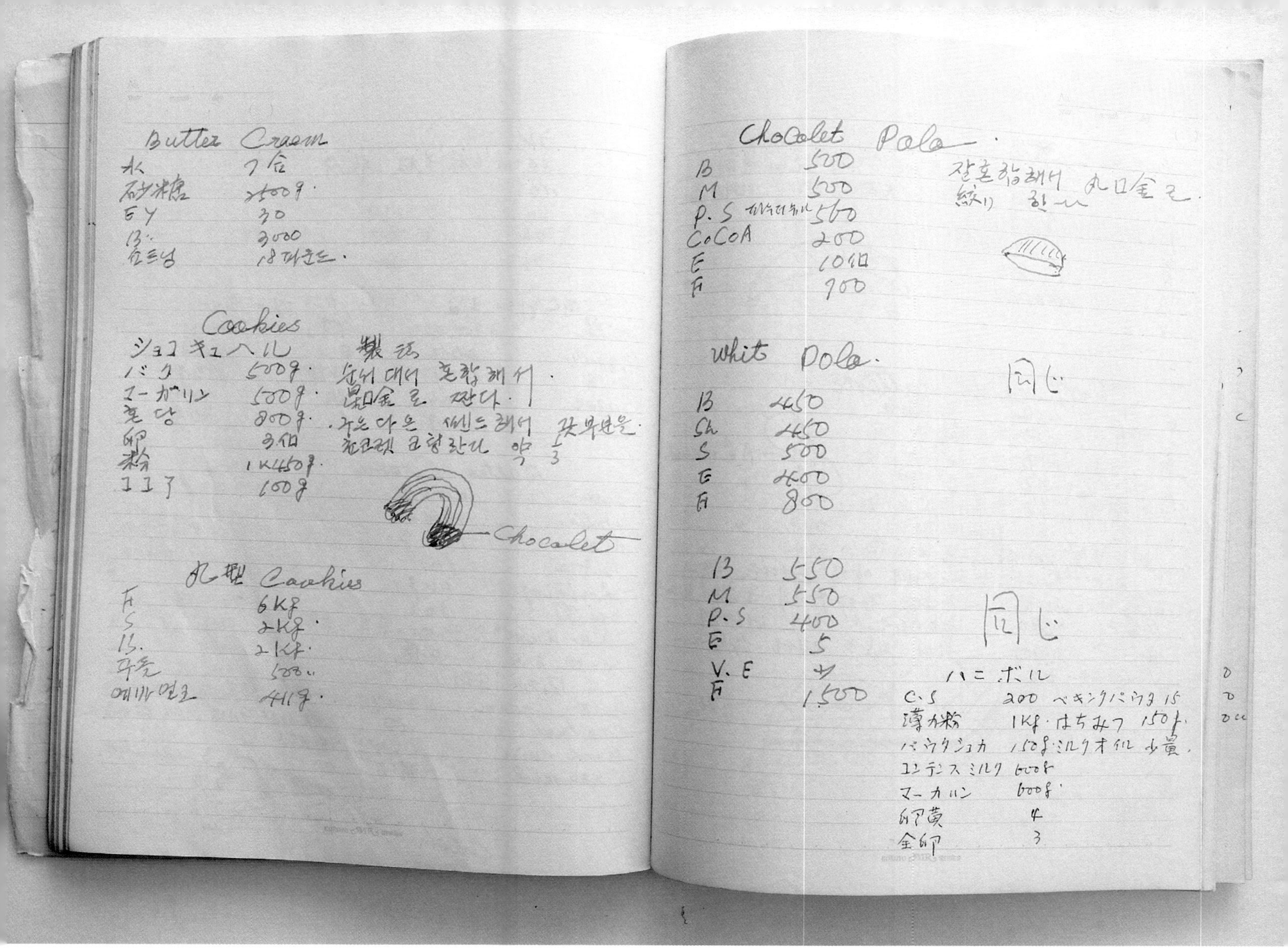

Chocolet Pola

B	500
M	500
P.S マジパン 500	
CoCoA	200
E	1010
F	700

whit Pola

B	450
Sa	450
S	500
E	400
F	800

B	550
M	450
P.S	400
E	5
V. E	4
F	1500

ハニーボール
C.S 200 ベーキングパウ 15
薄力粉 1Kg はち当7 150g
バニリンコ 1本 はちみつ 150g soft
コンデスミルク 150g
マーガリン 500g
砂糖 500g
全卵 3

Butter Cream

水	7合
砂糖	500g
卵	30
B	300
香草	18개정도

Cookies

ショートニ 300g
バター 500g
シュガー 1000
卵 300
卵黄 300
塩 1개약 300g
1 1 7 100g

Chocolat

仄型 Cookies

F	6Kg
S	2Kg
塩	2Kg
무당	500g
에센스 약간	4合g

Vandlliptoli
B   5000
M   5000
P.S 400
G   ↓
F   1700
A.P 호마로 성도 400 ↓♀
V.E   ↓♀

냉장에서 추려가기
추위로 특성 맛 같이 이써야 한다.

Rothschildsbattoni   城2
F   4012   臟2
S   80
F   100
A.P   30

Almond

Idaide Sand
B   300   바당부터 앟으로 조성된다.
M   300   1주 버 수아운 부서 둥그게써 베써다
P.S 280   추위나는 정도 바서다
F   1k8   하이이 강하다 조성도 강하다
V.E   ↓♀

22ㄴ

Nurse sand.
B   5000   추글 둥글게 비써나니
M   5000   천호에 날글 둥근 비해들기
P.S 400   양후 호로 에써 강논 도 르써
G   ↓
F   1700
호로 粉台 400   ↓♀
V.E   ↓♀

22ㄴ

リ> ㄱ丁   粗粉   研磨
B   200   ①   잘 흐이르께이 . 기울 버 해한
M   250   ②   매번은 스타이 가쳐써 양쿠#6
S   100   ③   제5 100중슈든 앙5 다순.
G   2100 ④   요보라이드는 앙고 갈금 도 5에
840cc   요괴속 떨아씀
E.Y 480cc ④   니게 무기 가게로. 22ㄴ 등이니
B.P 45g   7써 에 110양 =2   22ㄴ
A.D 800   ①   출보 도도 170ㄷ 이써 약 30ㅇ
                냉글쏘나

나씨무각가게니 3
램써
192쿠

ALMOND
SPIRALS

エンゲル エンゲル ショコラ

粉糖	100g
ふるい粉糖	20g「
全卵	5個
和卵	1Kg
ショートニング	140g
13.5	4g
13.P	4g
ガラパル	少量

温度 110〜113℃

ガリンブリンス

バジ	900g
砂ごう	250g
塩 S	12mL
はちみつ	180g
牛乳	60cc
割れ粉	100g
バジS	少量
アモンド	200g
ベオングパゲタ	100P

温 あんこ

あんこ	112g(3×)
砂糖	少々
L寸	110
水 少々

クーP・d

クーズ シロップ	1000P
水	500cc
砂糖	200g
グミ三温	100g
シロップ	170cc
レモリ	1〜2

パ/ムニー

A ジェノワーズ (GENOISE)

全卵	900g
砂糖	500g
粉	300g
バジ(とかし)	300g

B パームハジ

バジ	500g
ショートニング	500g
砂糖	200g
全卵(L寸)	120g
牛乳	200cc
はちみつ	100g
13.P	142
塩 レモン	8g
消え	3g
ふ.3 M	1300g

（レーズン スコン）

ショートニング 300ｇ
薄力粉 300ｇ
薄力粉 100ｇ
砂糖 少々
卵黄 3ｇ9ｇ
ベーキングパウダー T.S.13
牛乳 60cc
全卵 60ｇ
B.P 15

(1) マーガリンを火にかけて、ラードとを
(2) 松入れして約2～3分間かきまぜて上げ
(3) あうして先全卵へ入れて薄く入る
(4) 3番が終わったら牛乳入れる
(5) 卵が終わったら2番入れる
③ 5番の天板に3ぱつ入れて
971 で4枚の天板にのばして やき
上げる

スコン
カスタード 40ｇ
砂糖 40ｇ
ベーキング 40ｇ
レーズン 30ｇ

Raisin 60ｇ
砂糖 100ｇ
水 あめ 60ｇ
此のスコンをサボイド します
また上にいっぱいやす

Butter Cream

（ライジン ウォナト）
ショートニング 465
薄糖 470
薄力粉 250
卵黄 5
卵白 10
B.P 10

(1) ビスケットのようにまぜ広める
(2) 四角の型にやむ
(3) 天板の上にあいて ジャム水を
ぬって、上にビーナッツを入れて
オーブンで上げる。
④ さめたらバターフリームをラい
また クリームをいっぱいぬって上を

パン・ド・ジェーヌ

植膏	8.25g
アーモンド	100g
全卵	40g
薄力粉	40g
マーズ<ユタち>た 7.25g 13	

ショコラ ムース

全卵	3ヶ
卵黄	13ヶ
砂糖	125g
卵白	13ヶ
薄力粉	—
薄力粉	8ペン
ココア	75ペン
コンスターチ	78ペン
マーガリン	25ペン
小麦	──
ベーコ粉	—

製造
① 卵黄と砂糖を 熱を加えて 白く
② マーガリンを 入れて 合わせる
③ 卵白を 先く合わせて、砂糖を入れる
④ 最後に①の中のSを混ぜ合い
過了

ビスケット

ショコラ ビスケット

マーガリン	4600f
ミツ	3750
砂糖 粉糖	3000
グルー	5000
薄力	4600g
B.P	25
B.S	10
ココア	150
牛乳 または水 適当

製造
① D.3.とうのバンとケーキ ケーキ
② オーブン 8分焼
③ 150〜160℃
④ さまして 同温にして クーリー
⑤ マーガリン 油ケット 合わせ て
⑥ 1 mm

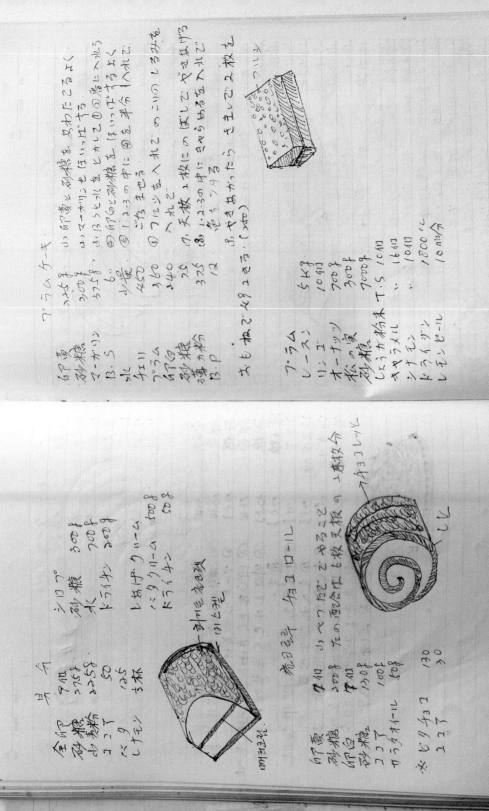

メレンゲ

A　カルツシュー
　水　　　　　250
　サラダオイル　250
　粉　　　　　740
　玉子　740

B　カスタードクリーム
　牛乳　1000g
　粉　　75g
　砂糖　…
　玉子　7個

C　スポンジ　1枚
　玉子　300g
　砂糖　…
　粉　　180″
　　　　30″
　マーガリン　100g

D　パンプクリーム
　バタークリーム　600g
　カスタードクリーム　400g

E　ストーベリークリーム
　ほいっぷ
　いちご　1枚ごとに

モンブラン　シロップ
　全卵　375
　砂糖　285
　粉　　250
　C.S.　150
　マーガリン　125
　B.P　2.5
　水あめ　50
　牛乳　175

① カルツシュとカスタードクリームをのばして
② 冷れいご、天板4枚にのせする。
③ のこのスポンジをぬりつけて、ポルト
　で一度、に（ぼーと）に 約1700″
④ オーブン 15分くらい、メレンゲ
⑤ 1,2のものがでまわしらに、ぬける
⑥ 1,2のものがでまわしらに、する

レモンパン（でんぷん）

マーガリン　420
　砂糖　　　80
　ココア　150
　卵黄　240
　うらみ　240
　ピーナッツ　60

オーガリン　オレンジとピスタチオ
　卵白　240
　サラダオイル　100g
　水チョコレート　80

ハニーメロン
マーガリン　500
　砂糖　　　470
　全卵　　　400
　粉にマーガリンの中に　30
　薄力粉　　400
　S.P　25
　水あめ　25
　B.P　5
　はちみつ　20

レモンパイ
三等力粉　390
　強力粉　1010
　ショートニング　1010
　食塩　　30
　水40″　20cmの型に
　直径20cmの場合
　20で焼く合

① マドレーヌ の マトリスメイト
レモンパイ
　水　　500cc
　砂糖　240g
　コンスター　100
　卵黄　6個
　はちみつ　15g
　レモン果汁　4個分（200cc）

ニニーク
　全卵　1800cc
　砂糖　220g
　バター　 125

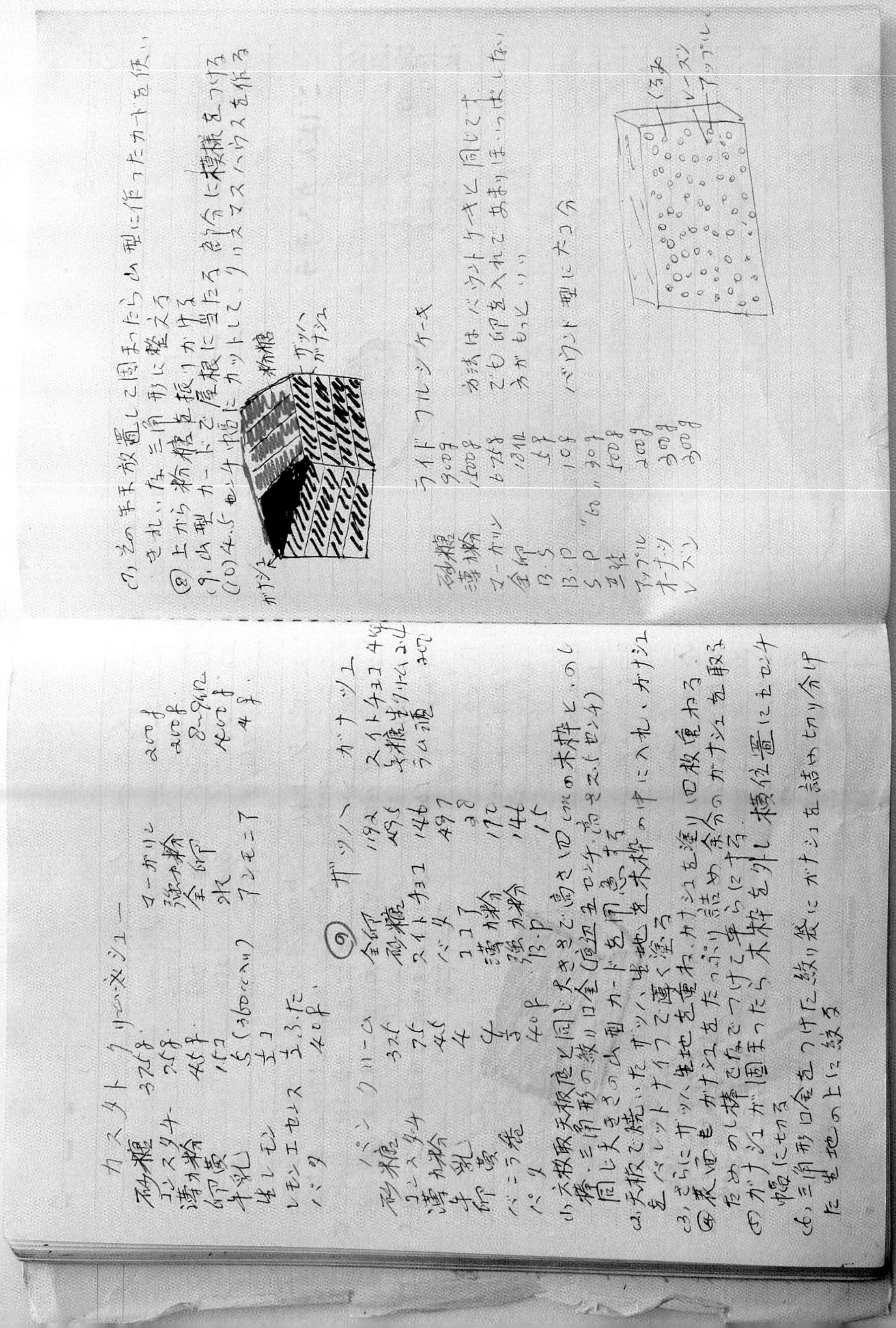

花おぼろ

生地の配合

白玉糖
バニー
卵 食塩糖
小麦粉

1977年 5月14日　ロール ケーキ

天板 共立 巻手法

全卵　570g
砂糖　460"
薄力粉　330"
コーヒー　45g
牛乳　110cc

1天板分 焼る方法

薄力 Butter 750
Butter Cream 750
milk Choco 600
D.R.Gr

ごぼん カステラ

全卵　3000g
砂糖　3000g
薄力粉　2200g
水あめ　220g
水　720cc

ミックス ペースト クリーム
全卵　1300g
ショートニング　170g
ショートニング　140g
ベター　750g

トインゼル式 エンゼルケーキ

配合
卵白　うす々g
砂糖　メもりg
粉　1330g
いも　10個
レモンオイル　少量

メレンゲを作って、さらにまぜって、こねる合せて型に入れてオーブンに15に入れる
ナナ

レゲンテントルテ〈REGENTEN TORTE〉

レゲンテン・マッセ配合
 レブンデン　いゃ々g
バター　ゃ～g
砂糖　80"
小食塩　少量
レーメン　小量
小卵黄　いゃ々g
粉　120g
ふ卵白　120g
ふ砂糖　120g

ワインクリームの配合
白ワイン油　れ々g
ワイン汁　いゃ"
砂糖　120"
いも　れ"
ゼラチン料　40"
白ワイン油　40"

製法
この生地は別だ方式ではじめに①の材料を一緒にしてなめらかになるまで
続……でそ②を加え、駒器で、よりりレンゲ状に
洞ごてたの②を加せて駒器で暖像に①を加える
に焼き上げる。
できた生地は、鉄枠に薄く流して、200度
のオーブンに焼き上げる。

製法
ほしおいの材料をりレンげにかけて、砂糖を
溶ける、よで加熱する、溶けたら②別鍋にゼラチンを溶かす……②の混合物に注
意れでよく、差け、①差込れここ1しを……

信号部分構成
このトルフを作るには直径24cmに続けどそ
ット生地一枚と直径24cmさ厚さ1に続けたレゲンテン
マッセを(厚る前述の)を④枚切り食にする。
仕上げ方法

はじめにビスクルト盤上にアプリコ、ジャムを塗り、そのよに
空枠のレブンテンマ、ッセをも重ね、なるらが、その間に一年
アプンクリームを厚合適正)を気心に薄く塗り合せる。
続……て、全体に同じワイン クリームをごく薄く塗り食度に
薄〈塗はれ（にまざばらばら多くらくはり合わせる。
さらに、全体にショコレート、チョコレート、かけ表面に手硬くさせ
にな、た時、板子状のものを型押えてこ模様を作げる
にフレーナが硬作したら食令に16食令に切りたフレーナに
フレーナチョコレトさト小丸状に絞り全粉をつけて、できる所げる
ミルクチョコレート

全粉

パンド生地
連味料
バター
卵黄
生地
もも
水

【アップルパイ】

生地は、アプリカパイラス方式により…
500g
 20g
卵
卵

プリン (ロジン)

		製法
牛乳	1800cc	
砂糖	470g	① 우유를
全卵	710	② 설탕을
卵黄	9ヶ	③ 체로

바닐라기로 준비해 놓는다

ヒキ

오렌지센베케

オレンジセンベーケーキ

全卵	1000g
白砂糖	600g
薄力粉	200g
マーガリン	40g
S.P	少

	2号	
全卵	200	100
薄力粉	300	150
S.P	0.05	0.02
マーガリン	70	100

どら焼 (手焼き)

		塩 少々
上白糖	400	세몰
蜂蜜	70	생반량
味醂	70	水分
重曹	4	八
澄酒	10	8
小麦粉	400	
冷水	130	

78.10.15

		砂糖	800g	710
全卵	スーガリン	割糖	700	
薄力粉		マーガリン	1500	875
全卵 (玉)		生乳	18	8
B.P		薄力粉	10	0.05
B.S	レーズン		5	4.00
水飴	くるみ		100	2.00

78.10.17

MANKN

マロンケーキ

薄力粉	375
薄力粉	少
全卵	1300
S.P	少
水飴	少

全卵 (卵黄と卵の少し合げる) 800g

① グリーンの クリーム

② バター
③ チョコ
④ 全卵のエキ
⑤ 塩
⑥ 砂糖

레몬파이

レモンパイ (Lemon pie)

練乳粉 500 g
薄力粉 250 "
マーガリン 180 cc
生クリーム 2~10
生卵 2 個
塩

レモン汁 160 g
砂糖 4
インスタ-ト 40
生卵 500 cc

ソニウ
バニラ 180 g
砂糖 40 "

砂糖 430
水 100 cc

키 ㅜ ㅜ ㄴ
에클 레어

生地 670 g
生クリーム 18 個
砂糖 440 g
薄力粉
強力粉
インスタ-ト 100
牛乳 900 cc

クリーム 완성
生乳 1000 g
生乳
卵黄 (全部)
생지

チョコレ-トのフォンダン
ファンダン +80
ビタ-チョコレ-ト 180
牛乳 80

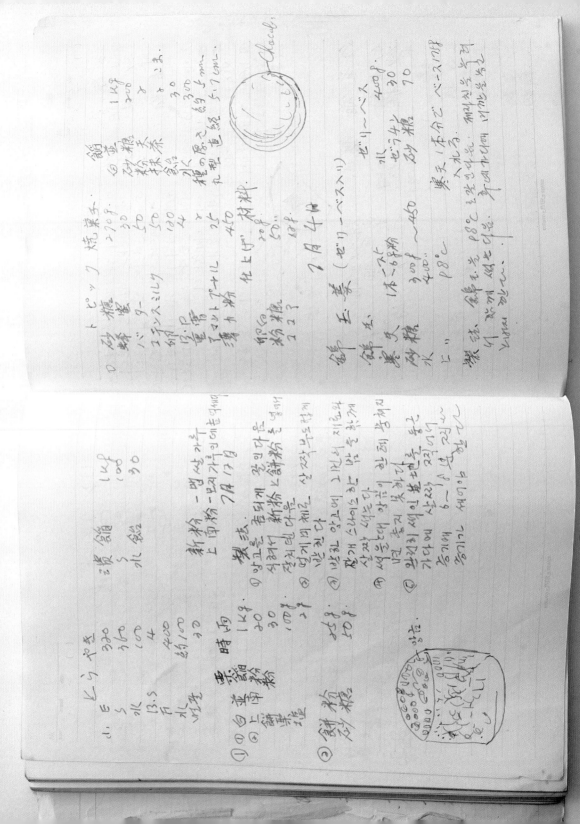

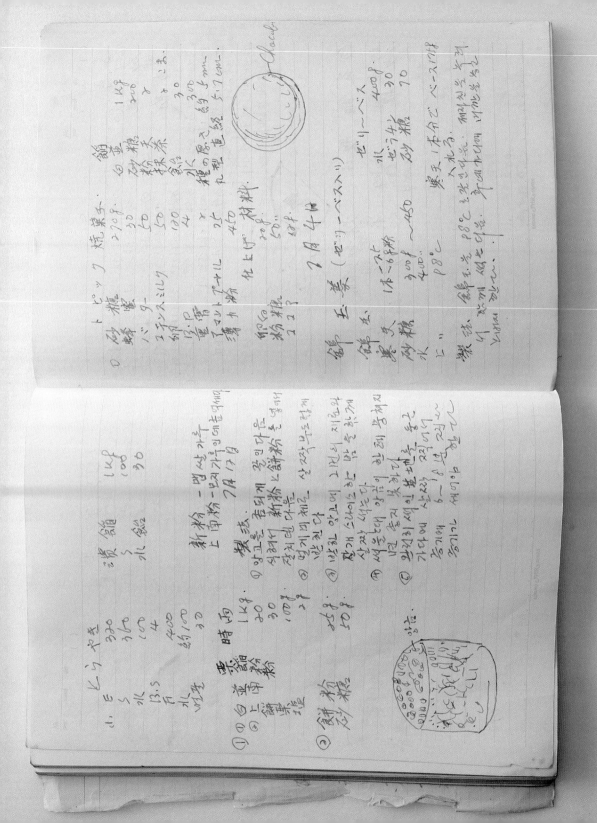

羊羹

① 寒天을 깨끗하게 씻는 법도
② 설탕을 넣는다
④ 물엿 쳐서
⑦ 마이에네즈통

糖
鳥羽飴   750
白玉糖   270
寒天   470
小豆粉   170

生飴   600 g

白玉羹=寒天   3 kg
白玉飴   約 6時間 0.90 g~0.85
生糖
水糖   3000 g

上白糖   700
サラシ   300
白玉粉   100
水   800

小豆粉   670 g
寒天粉   50

ケーキ 寒飴
白飴   250 g
水   80
ゲキ 寒飴   175
上白砂糖   100
④ 卵   3   15:5~3
④ 4 白玉   0
⑦ 水 寒天   170
⑦ 小 寒天   50

'23. 9. 13

栗蒸羊羹.

小豆漉	400g
白並飴	1ℓ500g
砂糖.	70"	150"
寒天.	100"	300g
卵	50"
塩	130"
栗	12人バ3

① 栗を 塩水につけて メリンを 抜いて 익혀서
  ② 미리끓여 놓는다.
  ③ 小豆漉니 砂糖과 가루 끼와 섞고.
  ④ 白並飴 15g 앞으로 하므로 끊인.
  비비옇보니다.

6月16日   No.4.

芋の若葉

A.
  ① 砂糖. | 60g | 13이
  ② 水. | 210" |
  ③ 上白糖 | 120이 |
  ④ 新粉(세아기) | 110g |
  ⑤ 寒梅粉 | 110" |
  ⑥ 上新粉 | 210" |
     塩. | 30g |
     塩 | 4g |
     寒天 | 200g |
     砂糖 | 50" |
     栗 | 80" |

A와 B식 따로 혼잡해서 둥글게 말다.
①이지 의 B식 반죽을 섞어서 고운덩으로...
②이 反字 가루로 섞으.

B. 12와 같은 순으로. A의 제조법을 말다.

'23. 6. 8.

栗蒸

栗の葛

① 白の葛	100g
②. バ2	400"
④. 小豆飴	130"
②. 砂糖.	50"
卵	1人バ3
上新粉	

栗を. 引い材料を といで 속이 스며서 않을 쓰서.
둥굴아서 껍데 下.上을 접는다.

屋根

砂糖	730g
卵	50"
白並	200"
バ.	400"
1人バ3	10
栗	1人バ3 120g
	300"

栗を.
屋(卵は 別に)て
粉. まぜて 乙 かの 栗を
まぜて 乙 なの こいち を入へる.
もういちと ねって 乙 ね×乙
乙 いちと まぜて 乙 乙 乙 ね乙
て乙ね乙 ねる.

21
6.20

展示闸 (てんじとう)
練 乳 糖 (れんにゅうとう) 1Kg
白 麦 糖 110g
求

22.
6.11

寒天、、
綿玉.

寒 天   2本 (15g)
砂 糖   500..
白 玉   300..
水   900..
紫色着色

栗饅頭

小麥粉	〇〇g
白砂糖	〇〇g
卵	〇〇g
水飴	〇〇g

製法

朝鮮(ㅁ로)

包餡 求肥

白玉粉	100g
白砂糖	200g
水	100cc

製法

6月4日 No. 8 表

桃山

白玉粉	1kg
味	4〇〇
卵	2,5〇%
卵	3个

製法

和栗 (わぐり)

栗 400g
1. 砂糖 200g
水飴 50g
卵黄 120g
小麦粉 30g
3개 水三酸 白亜飴 2K8
砂糖 10g
卵子 15g

栗 400g
1. 砂糖 200g
水 50g

小豆生飴 170g
砂糖 400g
水 40g

No. 14
カステラ饅頭
1. 麦粉 400g
3. 膨らし 120g
4. 砂糖 80g
5. 膨子 0.5
6. 卵子 4액
6. 蜜蜂 9g
5月 28

No. 17
1. 小麦粉 500g
3. 砂糖 40g
1. バニー 100g
3. 卵子 0
4. 牛乳 40
5. 王蜜子 9
7. 電酒 7g
7. 水 0.5

饅頭
5月 28
東 蓬頭
1. 麦粉 0.5
砂糖 100g
9가 200g
蜜蜂 430g

栗 100g
砂糖 200g
水飴 100g

13 ぬ
5 ぬ

No. 17

葛粉　　　170g
砂糖　　　400g
白玉　　　70g

1. 도 水飴　1005

No. 28

カステラ饅頭

1. 薄粉　400g
3. 水飴, 上白　130g
5. 砂糖　80g
4. 米アメ　105
5. 玉　40
　卵黄　9
　食塩　0g9
　重曹　205

No. 28

東饅頭

1. 薄粉　1005
　上白糖　2005
　白玉　3005

一 桃栗 (かくてるくり)

製法
1. 薄粉　400g
　砂糖　200g
　水飴　50g
　米アメ　130g
　玉　30
3. 片栗粉　白玉糖　2kg
　砂糖　100g
　水　50g

No. 17

山栗 (やまぐり)

8. 1. 薄粉　105
　砂糖　200g
　2. バター　100g
　3. 卵黄　4
　4. 牛乳　7
　5. 玉糖　7g
　7. 米　05

若（わか）あゆ （若鮎種）

製法

75 5 16

月餅

75年5月17日 No.6

과자와 함께 60년
대한민국제과명장 **권 상 범**

KWON
SANGBUM

저 자 ㅣ 권상범
발행인 ㅣ 장상원

초판 1쇄 ㅣ 2022년 4월 15일
   2쇄 ㅣ 2022년 6월 1일
발행처 ㅣ (주)비앤씨월드 출판등록 1994.1.21 제 16-818호
주 소 ㅣ 서울특별시 강남구 선릉로 132길 3-6 서원빌딩 3층
전 화 ㅣ (02)547-5233 팩스 ㅣ (02)549-5235 홈페이지 ㅣ www.bncworld.co.kr
블로그 ㅣ http://blog.naver.com/bncbookcafe 인스타그램 ㅣ bncworld_books
ISBN ㅣ 979-11-86519-51-6 13590